ネットワーク化制御

博士(情報学) 永原 正章 編著

博士(工学) 岡野 訓尚
Ph.D. 小蔵 正輝 共著
博士(情報学) 若生 将史

コロナ社

ま え が き

ネットワークは現代の科学技術における最も重要なキーワードである。通信工学だけでなく，ほぼすべての分野でネットワークを基礎とした研究課題がホットトピックとなっている。思いつくままに例を挙げてみると

- 深層ニューラルネットワーク（機械学習）
- ブロックチェーン（情報工学）
- グラフ信号処理（信号処理）
- 分散最適化（最適化理論）
- センサネットワーク（計測）
- スマートグリッド（電気工学）

などがある。さらには，これらの諸分野を超えて，サイバーフィジカルシステムやIoT (Internet of Things)，インダストリー4.0，超スマート社会といったコンセプトも近年話題になっている。これらの研究課題に対して，本書は，制御の視点から問題をとらえたいという読者を対象としている。

IoTなどのようにネットワークに接続されたモノ（動的システム）を制御するためには，ネットワークを介して制御のための情報をやり取りする必要がある。このようなシステムをネットワーク化制御システムと呼ぶ。ネットワーク化制御システムでは，情報通信にインターネット回線や無線通信などが使われるが，現実の通信ではつねに通信帯域に制限があり，その制約のもとで安定化できるかどうかは非常に重要な問題となる。また，IoTや超スマート社会では，多数のモノを連携させながら分散協調的に制御し，大域的な目標や全体最適化を達成することが大きな技術的課題である。

これらの問題を解決する制御理論，すなわちネットワーク化制御の理論について，本書では，その初歩から最先端の話題までを，初学者にもわかりやすく記

述した。本書を読むために必要な前提知識は，大学教養課程の線形代数と微積分，および状態空間モデルに基づく現代制御理論の基礎である。大学学部の卒業研究や大学院での研究に取り掛かるために必要な知識を得たい学生や，ネットワーク化制御の理論を概観したい研究者，技術者に本書をおすすめしたい。本書を最後まで勉強すれば，2000 年代以降のネットワーク化制御に関する学術論文を読む基礎は十分身につく。定理の証明も省略せずにしっかり追って，じっくり勉強してほしい。

本書は，ネットワーク化制御理論を専門とする 4 人の研究者によって執筆された。本書の章の構成と各章の執筆者は下記のとおりである。

  1 章 はじめに   永原正章
  2 章 量子化信号を用いた制御 岡野訓尚，若生将史
  3 章 イベントトリガ制御   若生将史
  4 章 複雑ネットワークの制御 小蔵正輝

それぞれの章は独立に書かれており，どの章から読みはじめていただいてもかまわない。

本書を通じて，ネットワーク化制御の理論の基礎を学び，理論研究を進めるとともに，超スマート社会のような実社会における理論の実装や実現にもぜひ取り組んでいただきたい。より良い社会を実現するために制御理論が重要な役割を果たすことを筆者らは確信している。

2019 年 6 月

著者を代表して 永原正章

目　　次

1. はじめに

1.1　IoT の時代に必要な制御理論 …………………………………… *1*
1.2　ネットワーク化制御とは ………………………………………… *3*
1.3　マルチエージェントシステム …………………………………… *6*
1.4　ネットワーク化制御の実応用 …………………………………… *7*
　　1.4.1　インダストリー 4.0 …………………………………… *8*
　　1.4.2　スマートグリッド ……………………………………… *10*
　　1.4.3　超スマート社会（Society 5.0） ……………………… *12*

2. 量子化信号を用いた制御

2.1　通信ネットワークを含む制御システムにおける量子化 ……… *14*
2.2　量子化器を含むフィードバックシステム ……………………… *15*
2.3　有限データレート制御 …………………………………………… *17*
　　2.3.1　有限データレート信号を用いた安定化の考え方 …… *18*
　　2.3.2　漸近安定化可能性 ……………………………………… *22*
　　2.3.3　漸近安定化に最低限必要なデータレート …………… *23*
　　2.3.4　漸近安定化を達成するコントローラ ………………… *24*
2.4　静的量子化器を用いた制御 ……………………………………… *35*
　　2.4.1　量子化器の粗さ ………………………………………… *36*
　　2.4.2　最も粗い安定化量子化器 ……………………………… *37*
　　2.4.3　粗さの最大値 …………………………………………… *42*
2.5　DoS 攻撃のもとでの有限データレート制御 …………………… *45*

2.5.1　ズーミングアウト，ズーミングイン機構をもつ一様量子化器 ……… *46*
2.5.2　DoS 攻撃によるパケットロスのモデル化………………………… *53*
章　末　問　題 ……………………………………………………………… *57*

3.　イベントトリガ制御

3.1　状態フィードバックイベントトリガ制御 …………………………… *59*
　3.1.1　イベントトリガ制御の基本的な考え方 ……………………… *59*
　3.1.2　一般的なイベントトリガ条件と安定性解析 ………………… *67*
　3.1.3　種々のイベントトリガ条件 …………………………………… *72*
3.2　出力フィードバックイベントトリガ制御 …………………………… *75*
　3.2.1　出力のイベントトリガ則 ……………………………………… *75*
　3.2.2　入出力のイベントトリガ則 …………………………………… *88*
3.3　セルフトリガ制御 ……………………………………………………… *95*
章　末　問　題 …………………………………………………………… *106*

4.　複雑ネットワークの制御

4.1　複雑ネットワークの例 ……………………………………………… *110*
　4.1.1　グ ラ フ 理 論 ………………………………………………… *112*
4.2　合　意　制　御 ……………………………………………………… *113*
　4.2.1　マルチエージェントシステムの合意 ……………………… *113*
　4.2.2　平　均　合　意 ……………………………………………… *117*
　4.2.3　最　速　合　意 ……………………………………………… *123*
4.3　中　心　性　の　制　御 …………………………………………… *129*
　4.3.1　さまざまな中心性 …………………………………………… *129*
　4.3.2　幾何計画問題 ………………………………………………… *133*
　4.3.3　中心性の最適化 ……………………………………………… *134*
4.4　伝播の制御（1）：最適資源配置 …………………………………… *137*

	4.4.1	抑え込み問題…………………………………	138
	4.4.2	線形システムによる上界…………………………	140
	4.4.3	幾何計画問題への帰着…………………………	142
	4.4.4	数　　値　　例………………………………………	146
4.5	伝播の制御（2）：適応ネットワーク………………………		148
	4.5.1	適応的な SIS モデル……………………………	148
	4.5.2	正多項式制約……………………………………	151
	4.5.3	数　　値　　例………………………………………	157
章末問題…………………………………………………………			158

引用・参考文献………………………………………………… 159
章末問題解答…………………………………………………… 165
索　　　　引…………………………………………………… 175

本書で用いる記法

本書を通して，以下の記法を用いる。

- $\mathbb{N}$：自然数の集合 $\{1, 2, 3, \cdots\}$
- $\mathbb{Z}$：整数の集合 $\{\cdots, -1, 0, 1, 2, \cdots\}$
- $\mathbb{Z}_+$：非負整数の集合 $\{0, 1, 2, \cdots\}$
- $\mathbb{R}$：実数の集合
- $\mathbb{R}_+$：非負実数の集合
- $\mathbb{R}_{++}$：正の実数の集合
- $\mathbb{C}$：複素数の集合
- $\emptyset$：空集合
- j：虚数単位
- $\log_a x$：a を底とする x の対数
- $\ln x$：x の自然対数
- $|z|$：複素数 z の絶対値
- $\lceil x \rceil$：x 以上の最小の整数
- $\mathcal{S}^{m \times n}$：集合 $\mathcal{S}$ の要素で構成される $m \times n$ 行列の集合
- $\mathcal{S}^n$：集合 $\mathcal{S}$ の要素で構成される n 次元列ベクトルの集合
- $\mathcal{S}_1 \subset \mathcal{S}_2$：集合 $\mathcal{S}_1$ は集合 $\mathcal{S}_2$ の部分集合
- $\mathcal{S}_1 \cup \mathcal{S}_2$：集合 $\mathcal{S}_1$ と $\mathcal{S}_2$ の和集合
- $\mathcal{S}_1 \setminus \mathcal{S}_2$：集合 $\mathcal{S}_1$ から $\mathcal{S}_2$ を引いた差集合
- $\mathcal{S}_1 \times \mathcal{S}_2$：集合 $\mathcal{S}_1$ と $\mathcal{S}_2$ の直積
- $\text{vol}(\Omega)$：集合 Ω のルベーグ測度
- $E[x]$：確率変数 x の期待値
- $\mathbf{0}$：零ベクトル，または零行列

本書で用いる記法　vii

- $\mathbf{1}_n$：要素がすべて 1 の n 次元列ベクトル。$\mathbf{1}$ と略記する場合がある。
- $\top$：ベクトルまたは行列の転置を表す記号（$x^\top$ や $A^\top$ のように使う）
- $\langle x, y \rangle := y^\top x$：二つのベクトル $x, y \in \mathbb{R}^n$ の標準内積
- $\|x\| := \sqrt{\langle x, x \rangle}$：ベクトル $x \in \mathbb{R}^n$ のユークリッドノルム
- $\|x\|_\infty := \max_{i=1,\cdots,n} |x_i|$：ベクトル $x = [x_1, \cdots, x_n]^\top \in \mathbb{R}^n$ の最大値ノルム
- $B_\infty(z, r)$：中心 z, 幅 $2r$ の超立方体
- $x \perp y$：二つのベクトル $x, y \in \mathbb{R}^n$ は直交，すなわち $\langle x, y \rangle = 0$
- I_n：$\mathbb{R}^{n \times n}$ の単位行列（添え字 n はサイズが明らかなときは省略する）
- $[a_{ij}]$：第 (i, j) 要素が a_{ij} である行列
- $\ker(A)$：行列 A の零化空間（カーネル）
- $\mathrm{rank}(A)$：行列 A の階数
- $\det(A)$：正方行列 A の行列式
- A^{-1}：正方行列 A の逆行列
- $A^{1/2}$：正方行列 A の平方根
- $A^{-1/2}$：正方行列 A の平方根の逆行列
- $\mathrm{diag}(A_1, A_2, \cdots, A_n)$：行列 $A_1, A_2, \cdots, A_n$ を対角ブロックにもつブロック対角行列
- $\mathrm{col}(A_1, A_2, \cdots, A_n)$：等しい列数をもつ行列 $A_1, A_2, \cdots, A_n$ を縦に並べた行列
- $\|A\|$：行列 A の最大特異値
- $\|A\|_\infty$：行列 $A \in \mathbb{R}^{m \times n}$ の最大絶対値和，すなわち

$$\|A\|_\infty = \max_{i=1,\cdots,m} \sum_{j=1}^n |a_{ij}|$$

ただし，a_{ij} は行列 A の第 (i, j) 要素である。
- $A \succ 0$：正方行列 A は正定値
- $A \succeq 0$：正方行列 A は半正定値

- $A \prec 0$：正方行列 A は負定値
- $A \preceq 0$：正方行列 A は半負定値
- $A \geqq 0$：行列 A は非負（すべての要素が非負）
- $\sigma(A)$：正方行列 A の固有値の集合
- $\lambda_{\max}(A)$：対称行列 A の最大固有値
- $\lambda_{\min}(A)$：対称行列 A の最小固有値
- $L^2[0,\infty)$：区間 $[0,\infty)$ 上のルベーグ 2 乗可積分関数の集合。L^2 と省略する場合がある。
- $\|x\|_2$：関数 $x \in L^2[0,\infty)$ に対して，その L^2 ノルムを

$$\|x\|_2 = \sqrt{\int_0^\infty \|x(t)\|^2 dt}$$

で定義する。

1 はじめに

1.1 IoTの時代に必要な制御理論

1960年代,複数のコンピュータシステムがネットワークに接続され,パケット交換による通信が始まった。インターネットの始まりである[†]。コンピュータどうしがつながることにより,スタンドアロンのコンピュータでは想像もつかなかった応用や製品,ビジネスが数多く生まれた。GoogleやAmazon, Facebook, AppleなどのIT企業がこれほど大きくなることを,1960年以前のインターネットがなかった時代に想像できた人はいない。

インターネットは仮想空間(サイバー空間)で閉じた世界である。コンピュータの外側で何が起きようとも,基本的には仮想空間の内部には影響しない(落雷によりサーバがダウンすることなどはあるが)。仮想空間の中から外部(物理空間)にアクセスし,また外部の情報を仮想空間に取り込むためには,物理空間とサイバー空間の間にインターフェースが必要である。仮想空間から外部に向かって働き掛けるインターフェースを**アクチュエータ**と呼び,逆に外部の情報を仮想空間に取り込むインターフェースを**センサ**と呼ぶ。インターネットにつながったプリンタで遠隔からプリントアウトしたり(アクチュエータの例),インクの残量などプリンタの状態をインターネット経由でチェックする(センサの例)ことは,古くから行われている。

[†] ARPANET (Advanced Research Projects Agency Network) と呼ばれる。

1. はじめに

しかし,最近は,もっと積極的に仮想空間と物理空間をつなげようという動きが盛んである。マイクロプロセッサが劇的に小型化,高性能化し,コンピュータを埋め込んだシステム（**組込みシステム**と呼ばれる）が容易に製作できるようになると,家電製品や工業機械,自動車などに取り付けられたセンサやアクチュエータがインターネットにつながるようになった。センサからのデータは時々刻々インターネットを通してサーバ（仮想空間）に送られる。サーバではそれらのデータを分析し,必要であればアクチュエータを通して物理空間に働き掛ける。しかも,インターネットにつながる家電製品などのモノは膨大な数にのぼる。インターネット上のウェブページのネットワークと同様に,モノ[†1]どうしが情報をやり取りする巨大ネットワークが形成されるのである。このようなシステムを **IoT**（Internet of Things）または**サイバーフィジカルシステム**（cyber-physical system）と呼ぶ。また,インターネットに接続されたモノを **IoT デバイス**と呼ぶ[1][†2]。

インターネットに接続された多数の IoT デバイスから時々刻々,大量に送られてくるデータは**ビッグデータ**（big data）と呼ばれる。ビッグデータでは,データの背後にあるネットワーク構造やデータに含まれるノイズでさえも積極的に利用しようとする。従来のオーソドックスな統計分析法では対応できず,最先端の機械学習や人工知能の手法が総動員される[2]。

ビッグデータのおもな目的は,膨大なデータの中から法則を見つけたり,現象を見える化したりすることである。そこから得られた法則をどう活用するかという点は,ビッグデータの枠組みの中ではあまり議論されてこなかった。しかし,データから得られた知見を活かして,環境に積極的に働き掛けていくアクチュエーションに関する技術も IoT では同様にきわめて重要である。物理世界から得られたセンサデータの分析結果に基づいて,アクチュエータにより物理世界に影響を及ぼすとき,そこに**フィードバックループ**が生じる。フィードバックループを含むシステムを**フィードバックシステム**と呼ぶ。図 **1.1** に IoT

[†1] カタカナの「モノ」は,「インターネットに接続されたもの一般」を意味する。
[†2] 肩付き数字は,巻末の引用・参考文献の番号を表す。

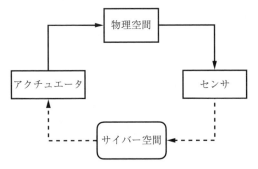

図 1.1　IoT におけるフィードバックループの概念図

におけるフィードバックループの概念図を示す．物理空間は現実のわれわれを取り巻く世界であり，自動車やロボットなどの工業製品だけでなく，人間を含む社会システムや動植物も含む生態系（エコシステム）までもが考察の対象となる．一方，サイバー空間はバーチャルな世界であり，すべてがディジタル機器の上に実装される．そこでは，得られたデータの分析，分析結果からの予測，学習，意思決定などがアルゴリズムにより実行される．図 1.1 のようなフィードバックの視点から IoT をとらえることはきわめて重要である[†]．

　制御工学の最も基本的かつ本質的な問題は，フィードバックシステムが安定であるかどうかを調べることと，安定でなければフィードバックシステムを**安定化**することである．フィードバックシステムの安定性の判定や安定化に関しては膨大な研究成果が存在する．本書の大きな目的は，図 1.1 のようなフィードバックシステムにおける安定性を議論することである．そのためには，**ネットワーク化制御**という考え方が重要となる．

1.2　ネットワーク化制御とは

　図 1.1 において，センサとサイバー空間の間，またアクチュエータとサイバー空間の間は点線でつながれている．これは，これらの間でディジタルデータが

[†] このような視点を日本語のひらがな「わ」で表したコンセプトが注目を集めている．詳しくは文献 3) を参照．

やり取りされることを強調するためである．IoT のシステムでは，サイバー空間は通常，クラウドサーバに実装され，物理空間の制御対象とは離れた場所にある．

センサから得られる物理空間のデータはディジタル化され，サーバに送られる．ディジタルデータを送信する手段として無線と有線があり，どちらも IoT では使用される．例えば，自動車に搭載されたセンサデータをサーバに送信する場合は無線が必須である．一方，工場に設置されている産業用ロボットアームからのセンサデータは有線回線で送られてくるかもしれない．

いずれの場合でも，通信におけるさまざまな制約により，データを遅延なく完全な形で送信することはまず不可能である．ネットワーク化制御では，データ通信ネットワークにおける特性や制約を陽に考慮して，フィードバックシステムの安定性や安定化などを議論する[4]〜[6]．具体的には，データ通信における以下のような制約を考える．

- 遅　延（communication delay）
- データレート制約（communication data rate limitation）
- パケットロス（packet loss）

まず，どのような通信路でも物理的な制約から遅延は必ず生じる．また，IoT のシステムでは，受信データを人工知能アルゴリズムで分析し，その分析結果に基づいて制御信号を生成するといった一連の計算にもある程度の時間がかかり，それも遅延として扱われる．ネットワーク化制御の枠組みで遅延を扱う場合，二つの考え方がある．一つは，遅延の最大値があらかじめわかっているものとして，最悪ケース（最大の遅延が生じるケース）で安定性などを議論する方法である．しかし，無線通信やインターネット回線において，最大遅延の長さがあらかじめわかっているということは期待できず，また最悪ケースを考慮した場合，保守的になりすぎて通常時の性能が出ないことも考えられる．したがって，確定的に遅延時間を扱うのではなく，確率分布によって遅延をモデル化する方法もある．この場合，安定性の議論も確率的にならざるを得ないが，より現実的であるともいえる．いずれにしても，遅延はフィードバックシステムの

1.2 ネットワーク化制御とは

安定性に大きな影響を与えるため，IoT においても非常に重要な課題である[7]。

データレート制約† とは，時間当りに送信できるデータ量に対する制約のことであり，**ビット毎秒**（bit per second, BPS）という単位で測られる。1 秒間に送受信できるデータのビット数のことである。スマートフォンでデータ通信量が上限値に達して，急に通信速度が制約されることがある。これはデータ通信量を下げるために，故意に通信業者がデータレートを低下させたためである。このようにデータレートはわれわれの普段の生活でもなじみ深い。

物理世界の物理量はアナログであり，連続値を取る。しかし，そのデータをディジタル通信路でやり取りするためには，連続値を**離散化**しなければならない。離散化には時間軸を離散化する**標本化**（または**サンプリング**）と信号値を離散化する**量子化**の二つの操作が必要である。標本化および量子化の精度は通信路のデータレートに収まるように決める必要がある。しかし，特に量子化を粗くしすぎると安定化ができなくなる恐れがある。ネットワーク化制御では，フィードバックシステムが安定化できる最低限のデータレートを求めたり，制御対象の性質をうまく使ってデータを圧縮してデータレート制約に対処するといった研究が行われている[8]~[11]。本書の 2 章では，データレート制約のもとでのネットワーク化制御の基礎を学ぶ。また，3 章では，必要なときだけ通信を行うことによりデータレート制約に対応する**イベントトリガ制御**[12],[13]を紹介する。

パケットロスとは，データ通信において情報の一部が欠損することである。インターネット回線におけるルータなどのネットワーク機器にデータが極度に集中したり（これを**輻輳**(ふくそう)と呼ぶ），無線通信でノイズが大きすぎてデータが損傷したときにパケットロスが起きる。パケットロスが起きる頻度を**パケットロス率**と呼ぶ。高速で移動しているときに携帯電話の音声が途切れたり，動画が止まったりするのは，パケットロスが原因である。パケットロスが発生する状況でのネットワーク化制御は，2.5 節でその一部を扱うだけで，基本的に本書では扱わないが，興味のある読者は文献 4),14) などを参照されたい。

---

† ビットレート制約とも呼ぶ。

1.3 マルチエージェントシステム

1.2節で述べた通信制約の考慮とともに，IoTにおける制御の最も重要な研究課題は，**マルチエージェントシステム**である[15]〜[17]。マルチエージェントシステムでは，多数の制御対象がネットワークにつながり，局所的にデータをやり取りして分散的に制御を行いながら，大域的な制御目標を達成する。多数のロボットやドローンを用いたロボット群の制御やビークル群（例えばトラックの隊列走行）の制御[18],[19]，センサネットワーク[20]や電力ネットワーク[21],[22]など，IoTにおける重要な応用があり，さまざまな分野が連携して研究が進められている。

マルチエージェントシステムの制御問題における基本問題として，以下の四つの問題が挙げられる。

- **合意制御**（consensus control）
- **被覆制御**（coverage control）
- **伝播制御**（spread control）
- **分散最適化**（distributed optimization）

合意制御とは，局所的な観測と制御により，すべてのエージェントの状態を最終的に同一にする制御のことであり，マルチエージェントシステムの制御における最も基本的な問題である。センサネットワークにおけるデータ同期やビークル群のランデブー，人工衛星のフォーメーションなどさまざまな応用がある。合意制御については，基本的な教科書[15]が参考になるが，本書の4章でも詳しく述べる。

被覆制御とは，平面（または空間）を複数のエージェントで被覆する問題である。例えばセンサネットワークにおけるセンサ配置問題や，複数のドローンによりある領域をくまなく調査するといった応用に利用される。被覆制御については，文献15)の4章が参考になる。

伝播制御は，ネットワーク上の情報の伝達を制御する問題である．人間で構成されるネットワークの上で伝染病が伝播するのを防いだり，逆にソーシャルネットワークでの情報の伝播を制御してマーケティングに利用したりといった応用がある．詳細は本書の4章をご覧いただきたい．

分散最適化は，ネットワーク上の各エージェントが局所的な小規模の最適化問題を分担して解くことにより，並列的に大規模な最適化問題を解く技術である．一見，制御とは関係のないように見えるが，合意制御などの理論的成果が分散最適化に応用され，さまざまな研究成果が報告されている[23], [24]．これも詳細は文献15)の5章をご参照願いたい．

また，本書では取り扱わないが，セキュリティ対策もマルチエージェントシステムでは重要である．数多くの物理システムがネットワークでつながったマルチエージェントシステム，すなわちサイバーフィジカルシステムでは，悪意のあるものがネットワーク経由でシステムに侵入し，バーチャル空間のデータやアルゴリズムを書き換えるということが予想される．インターネットでの情報漏洩やデータ改ざんと異なり，サイバーフィジカルシステムにおけるこれらの悪意ある行為は，物理空間の機器の故障や事故を誘発する．これらの故障や事故は，例えば原子力発電所や石油プラント，製鉄所で起きれば，甚大な事故や人命に関わる惨事につながりかねない．そのため，サイバーフィジカルシステムにおけるセキュリティ対策は喫緊の課題となっている．詳細は，IPA（情報処理推進機構）のウェブサイト†や文献25), 26) などを参照していただきたい．

1.4　ネットワーク化制御の実応用

ネットワーク化制御の理論は近年，大きく発展し，制御の分野における新しい基礎理論となっている．理論的には，かなり成熟しており，つぎのステップ

---

† 　IPA（情報処理推進機構），情報システムのセキュリティ
　https://www.ipa.go.jp/security/controlsystem/
　（注）本書に掲載されるURLについては，編集当時のものであり，変更される場合がある．

として，この制御理論を実社会の諸問題に応用することが重要である。ここでは，ネットワーク化制御の理論が重要となるであろう実応用について，いくつか紹介する。

1.4.1 インダストリー 4.0

インダストリー 4.0（Industry 4.0）は**第 4 次産業革命**とも呼ばれ，製造業における自動化や IT 化を目指す取組みの総称である。日本では**コネクテッドインダストリー**（connected industries）とも呼ばれる。

インダストリー 4.0 では，前述したサイバーフィジカルシステムや IoT，またクラウドコンピューティングやコグニティブコンピューティング[†]などの最先端技術の導入が大きな特徴である。単なるファクトリーオートメーションと異なり，さまざまなシステムがたがいに連携してデータをやり取りし，工場全体や工場を含む地域全体，さらには国全体で産業の効率化を目指す。

インダストリー 4.0 は 4 番目の産業革命という意味である。図 **1.2** に産業革命の展開を示す。1 番目の革命は，通常「産業革命」と呼ばれている 18 世紀半ばから 19 世紀にかけて起きた産業の変革を表す。ここでは特に蒸気機関の発明

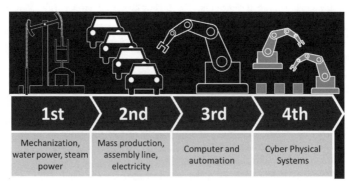

図 **1.2** 産業革命の展開（Wikipedia より画像を流用）

[†] コグニティブコンピューティング（cognitive computing）とは，人工知能や機械学習，信号処理などの技術を取り入れた意思決定支援のためのプラットフォームの総称である。

により，生産効率のきわめて大きな改善がなされた．2番目の革命は，フォードモーター社のベルトコンベアに代表される大量生産技術の導入である．生産の科学的な管理方法の導入もこの時期に導入された．3番目の革命は情報技術を用いたファクトリーオートメーションである．コンピュータの導入により，産業用ロボットによる高速かつ高精度な生産が可能となった．

これらの技術革新は「同じものを大量に生産する」ことを目的としていた．しかし，4番目の革命であるインダストリー4.0では，消費者の多様なニーズに対応したオーダメイドの製品を大量生産することも一つの目標となっている．

インダストリー4.0では以下の四つの設計原則が定められている[27]．

1. **相互接続**(interconnection)：IoTのネットワーク上で機械やデバイス，センサ，そして人間が相互に接続して，情報をやり取りできること．人間も介在することから，IoP (Internet of People) やIoE (Internet of Everything) などと呼ばれるシステムも考察の対象である．

2. **情報の透過性**(information transparency)：物理空間に設置された各種センサから得られた物理データ，およびサイバー空間において得られたドキュメントや写真などさまざまなデータを統合し，意味のあるデータに変換して，IoT上のそれぞれのシステムからアクセスできることが，インダストリー4.0では重要である．これを情報の透過性と呼ぶ．

3. **分散意思決定**(decentralized decision)：上記の相互接続性と情報の透過性に基づき，ローカルおよびグローバルなデータを使って，IoT上の各システムは自律的に意思決定 (decision) を行う．このとき，たがいに矛盾なく，IoT全体のパフォーマンスを向上させるようにうまく自律分散システムを設計し運用することが重要である．

4. **技術アシスタンス**(technical assistance)：インダストリー4.0における人間の役割は，より高いレベルの戦略的意思決定やコンピュータでは不可能な柔軟な問題解決である．これをアシストするためのシステムが重要となる．例えば，タブレットやヘッドマウントディスプレイなどを用いて情報を可視化したり，ロボットにより危険な作業を代行したりするシステム

がこれに相当する。

上記のうち，特に相互接続性の実現にはネットワーク化制御が重要な役割を果たす。また分散的な意思決定ではマルチエージェントシステムの考え方が必須となるであろう。本書で勉強する制御理論はインダストリー4.0における中心的な技術となる。

1.4.2　スマートグリッド

スマートグリッド（smart grid）とは，多数の発電所（原子力発電や火力発電だけでなく，風力発電や太陽光パネルも含む）と多数の電力需要家がネットワークを形成して，電力の需給バランスを取り，効率を最適化するシステムである（図 **1.3**）。**次世代送電網**や**スマートコミュニティ**（smart community）とも呼ばれる。一般にスマートグリッドと呼ぶときは，都市全体など比較的大規模なネットワークを想定するが，事業所や工場など狭い範囲で電力エネルギーの需給を管理するシステムは**マイクログリッド**（microgrid）と呼ばれる。

従来の電力網は，発電所から需要家への一方通行であったが，スマートグリッドでは双方向の情報のやり取りが行われる。この情報交換は，例えば**スマートメータ**（smart meter）と呼ばれる通信機能をもった電力検針メータによって

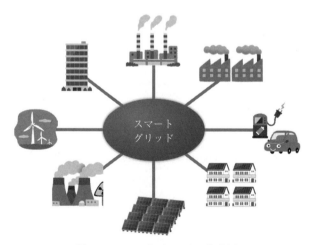

図 **1.3**　スマートグリッドの概念図

実現される．スマートグリッドには以下のような利点があるとされる[†1]．

1. 電力の効率的な伝送
2. 系統内のさまざまな外乱に対する迅速な復元
3. ユーティリティ企業（電力会社など）の経営コスト削減や需要家の電力消費コスト削減
4. ピーク需要のカット
5. 大規模な再生可能エネルギーシステムの導入
6. 需要家が所有する再生可能エネルギーなどの電源の統合
7. セキュリティの向上

上記を実現するためにはさまざまな技術が必要となるが，特に「系統内のさまざまな外乱に対する迅速な復元」や「ピーク需要のカット」などは制御の問題として定式化される．ここでは特にピーク需要のカットについて，詳しく見てみよう．

電力需要のピークは例えば夏であれば，昼間の最も暑いときに起きる．多くの人がエアコンを使用するからである．電気の設備は通常，ピーク需要に合わせて設計されているが，格差が大きいと設備の利用率の低下や電気コストの上昇をまねく．これを避けるために，需要のピークを下げたり（**ピークカット**と呼ぶ），ピークの時間帯をずらしたり（**ピークシフト**と呼ぶ）する方法がある．太陽光や風力発電などの再生可能エネルギーを導入し，蓄電池に電気を貯めておいてピーク時に使用する方法や，スマートメータの情報をもとに需要家に節電を促す**デマンドコントロール**（demand control）と呼ばれる方法もある．

スマートグリッドは社会実証実験も盛んでに行われており，特に北九州のスマートコミュニティ創造事業（平成 22 年度～平成 26 年度）[†2] は有名である．本書で勉強するネットワーク化制御の理論が実践的に活躍する研究分野であり，実際に多くの制御研究者がスマートグリッドの実現に貢献している．

[†1] Smartgrid.gov
https://www.smartgrid.gov/the_smart_grid/

[†2] 北九州市，北九州スマートコミュニティ創造事業
http://www.city.kitakyushu.lg.jp/files/000689061.pdf

1.4.3 超スマート社会(Society 5.0)

1.4.1項および1.4.2項で述べたインダストリー4.0やスマートグリッドを含む,さらに大きな概念に**超スマート社会**(**Society 5.0** とも呼ばれる)がある。超スマート社会は,日本の第5期(2016〜2020年度)科学技術基本計画において提唱された日本発の技術目標である[†1]。内閣府の資料によると,超スマート社会とは「必要なもの・サービスを,必要な人に,必要なときに,必要なだけ提供し,社会のさまざまなニーズにきめ細やかに対応でき,あらゆる人が質の高いサービスを受けられ,年齢,性別,地域,言語といったさまざまな制約を乗り越え,活き活きと快適に暮らすことのできる社会」と定義されている[†2]。1.4.1項および1.4.2項で述べたインダストリー4.0やスマートグリッドは,おもに産業の効率化が目的であったが,超スマート社会では,人間社会の質の向上がおもな目標になっている点が従来の考え方と大きく異なる点である。

社会の質というのは,数値化が難しく,それだけでも研究課題となりうる。その中で**SDGs**(Sustainable Development Goalsの略。「エスディージーズ」と読む)[†3] は,超スマート社会の実現に向けた評価基準として注目されている。日本語では「持続可能な開発目標」と訳される。2015年9月の国連サミットで採択された。193の国連加盟国が2016年以降の15年間で達成するために掲げた目標である。「貧困をなくそう」,「質の高い教育をみんなに」など17の大きな目標が掲げられており,超スマート社会の実現に向けた指標として重要である。

技術的には,超スマート社会は,「実世界のモノにソフトウェアが組み込まれて高機能化(スマート化)し,それらが連携協調することによって社会システムの自動化,高効率化を実現し,また新しい機能やサービスの実現を容易にす

[†1] 内閣府ホームページ,科学技術基本計画
http://www8.cao.go.jp/cstp/kihonkeikaku/index5.html
[†2] 内閣府 第3回 基盤技術の推進のあり方に関する検討会 資料
https://www8.cao.go.jp/cstp/tyousakai/kiban/3kai/siryo1.pdf
[†3] 国連SDGsホームページ
http://www.undp.org/content/undp/en/home/sustainable-development-goals.html

1.4 ネットワーク化制御の実応用

る仕組みが実現された社会」と定義されている†。この考え方はサイバーフィジカルシステムやIoTと同じもののように見えるが，システムが連携して協調するという部分に大きな重点を置いている点が，従来の考え方から一歩進んでいるといえる。連携する具体的なシステムとして，高度道路交通システムやエネルギーバリューチェーン，スマート生産システムなど11のシステムが想定されている（図1.4）。

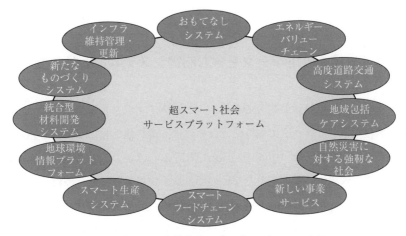

図1.4 超スマート社会サービスプラットフォームにおける11のシステム

　超スマート社会の実現のためには，人工知能や制御などの最先端の技術を総動員しなくてはならない。特に制御に関しては，本書で述べるネットワーク化制御の技術が必須となる。また，それだけではなく，周辺のさまざまな分野との共同研究もきわめて重要である。分野横断的な共同研究を推進して，産官学そして市民が一体となって研究，開発を進めていくことが，日本の科学技術のさらなる発展に不可欠だといえよう。

---

† JST 未来社会創造事業「超スマート社会の実現」領域
https://www.jst.go.jp/mirai/jp/uploads/jutentheme01.pdf

2 量子化信号を用いた制御

2.1 通信ネットワークを含む制御システムにおける量子化

多くの物理量は連続値信号であるが，これをディジタル通信路を用いて伝達する場合やコンピュータで取り扱うためには，離散値信号に変換する必要がある．この操作を**量子化**（quantization）と呼ぶ．ほとんどすべての実数は有限ビット数で表現することができないので，量子化によってもとの信号から誤差（**量子化誤差**（quantization error）と呼ぶ）が生じる．精細な量子化を行えば誤差は小さく抑えられるが，量子化後のレベル数が多くなるため，これを表現するための情報量も大きくなる（図 2.1，図 2.2）．通信網が整備された現代では，膨大なデータを高速に送受信することが可能になった．その一方で，通信網を同時に使用する機器の数も増加しており，機器 1 台当りで利用できる通信資源

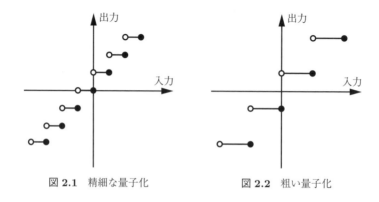

図 2.1 精細な量子化　　　　　図 2.2 粗い量子化

は限られる．また，通信速度を低く抑えるかわりに，導入や維持コストを低減化した通信技術が IoT 機器への適用を念頭に注目されている[1]．例えば SIGFOX 社†は，1 回の通信で送信可能な情報量は数〜十数バイトと少量で頻度も低いが，安価で長期間のバッテリー稼働が可能なネットワークを提供している．通信ネットワークには多様な選択肢があるが，いたずらに低速な通信路を用いると，量子化誤差が大きいため所望の制御目的を達成できない恐れがある．そこで本章では，ディジタル通信路を介した制御を考え，量子化誤差が制御システムの振る舞いに及ぼす影響について議論する．

制御システムにおける量子化誤差の影響については，コンピュータを用いた制御が現実のものとなる 20 世紀後半から研究が行われている．量子化誤差を有界な白色雑音としてモデル化し，加法的な観測雑音のあるシステムに帰着させる手法が古くから知られていたが，2000 年前後に信号の符号化を陽に考慮した新しいアプローチが提案された[2]．これによって単位時間当りの通信ビット数が少ないネットワークを介して不安定なシステムを安定化する場合には，量子化誤差は有界白色雑音とは異なる形で作用することが明らかになった．さらに，フィードバックシステムの安定化に最低限必要な情報量が存在することが示され，情報理論における通信容量制約に類似した基本的限界が制御においても存在することがわかった．以後，信号の量子化，情報量とシステムの振る舞いに注目した研究が数多く行われている（例えば文献 3)〜5) など．またサーベイ論文[6]も参照されたい）．

2.2 量子化器を含むフィードバックシステム

量子化された信号を用いた制御を考えるための準備を行う．図 **2.3** のフィードバックシステムを考える．プラントは，式 (2.1) で表される離散時間線形時不変システムである．

---

† SIGFOX 社
https://www.sigfox.com/

16 　 2. 量子化信号を用いた制御

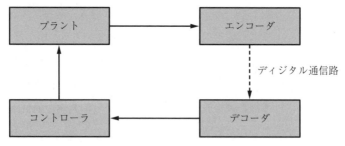

図 **2.3** 通信路を含むフィードバックシステム

$$x_{k+1} = Ax_k + Bu_k, \quad y_k = Cx_k, \quad k \in \mathbb{Z}_+ \tag{2.1}$$

ここで，$x_k \in \mathbb{R}^n$，$u_k \in \mathbb{R}^m$，$y_k \in \mathbb{R}^p$ はそれぞれ時刻 k での状態，入力，出力を表し，A, B, C は適当なサイズの実行列であり，(A, B) は可制御，(C, A) は可観測とする[†1]。また，初期状態 x_0 は未知であるが，原点を含む既知の有界開集合 $\mathcal{X}_0$ に含まれるとする[†2]。

図 2.3 のシステムでは，プラントからの出力とコントローラへの入力は通信路を介して接続されており，コントローラ側で利用可能なプラントの情報は通信路の品質によって制限される。一方で，コントローラからプラントへは古典的な制御システムと同様，情報的に密に連結されており，コントローラからの出力とプラントへの入力は等しいとする。このような片側通信路のフィードバックシステムは，双方向が通信路のシステムと比べ理論的な取扱いが容易で量子化の影響に注目しやすい。例えば，下記のシステムはこの設定に該当する。

- プラントが大規模で空間的に離れた複数箇所で出力を観測し，それを通信路を介してプラントに併設されたコントローラに集約し，制御を行うシステム
- プラント出力を観測するセンサは電源容量や計算能力が限られるため，観測信号は通信路が存在することの制約を受けるが，コントローラ側は資源に余裕があり，通信制約を無視できるシステム

[†1] 可制御性や可観測性については，例えば文献 7) などを参照せよ。
[†2] この仮定は補題 2.1 の証明において必要となる。また，2.5 節で導入するズーミングアウト機構を導入することで取り除くことができる。

プラント出力 $y_k \in \mathbb{R}^p$ は，**エンコーダ**（encoder）で送信シンボル $s_k \in \Sigma$ に変換される．Σ は，取りうるシンボル全体を表す離散集合である．エンコーダでは，連続値信号を離散値信号に写像する量子化と，量子化器の出力から送信シンボルを決定する**符号化**（encoding）が行われる[†1]．

図 2.4 は，出力の次元が $p=1$ のときのエンコーダの例を示す．量子化器は**量子化領域** $[-M, M]$ を $8 = 2^3$ 個のセル（**量子化セル**（quantization cell）と呼ぶ）に分割している．図は，よく用いられる**一様量子化器**（uniform quantizer）を示しており，すべてのセル幅が等しい．各セルにはシンボルとして $\Sigma = \{000, 001, \cdots, 111\}$ の要素が一つ割り当てられ，量子化器への入力 y_k を含むセルのシンボルがエンコーダ出力となる[†2]．**デコーダ**（decoder）は受信したシンボル s_k の指すセルを特定し，コントローラはそれをもとに制御入力 u_k を決定する．以下では，通信路を介して受信した信号から制御入力を定める関数としてデコーダとコントローラを同一視する．また，初期状態 x_0 について何ら確率分布を仮定せず，どのセルにどれだけの符号長を割り当てるかは問題としない．

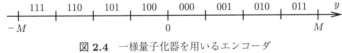

図 2.4　一様量子化器を用いるエンコーダ

2.3　有限データレート制御

通信路を介して正しく伝達できる情報量は，通信路の容量や同じ通信路を共有するデバイスの数などに依存する．また，プラント出力を観測するセンサの解像度や A–D コンバータの能力によっても制約を受ける．通信 1 回当りの伝達情報量（ビット数）を**データレート**（data rate）と呼び，R で表す．通信シ

[†1] さらに送信シンボルから通信プロトコルに則ったバイナリ系列への変換と通信方式に応じた変調を経て電波などの形で通信が行われる．本書ではこれらの詳細には立ち入らず，送信シンボルは離散時間周期以内に誤りなく通信されるとする．

[†2] 信号 y_k が量子化領域外やセル境界上の値を取る場合の出力については，別途定義する必要がある．

ンボル全体を表す集合 Σ の要素数を N とすると，データレートは

$$R := \log_2 N$$

で表される．

本節では，有限の R のもとで図 2.3 のフィードバックシステムの安定化を考える．

2.3.1　有限データレート信号を用いた安定化の考え方

まず簡単な場合として，式 (2.1) において $n=1$ とした 1 次元のプラント

$$x_{k+1} = ax_k + u_k, \quad y_k = x_k \tag{2.2}$$

を考える．なお，一般性を失うことなく可制御性より $B=1$，可観測性より $C=1$ としてよい．プラントが安定な場合は自明な入力 $u_k = 0\ (\forall k \in \mathbb{Z}_+)$ で安定化可能であるから，以下では $|a| \geq 1$ を仮定する．

また，エンコーダ，デコーダ，およびコントローラはメモリレスな関数とする．エンコーダを $\mathcal{E}: \mathbb{R} \to \Sigma$，デコーダとコントローラは同一の関数と見なし，$\mathcal{C}: \Sigma \to \mathbb{R}$ と表す．すなわち

$$s_k = \mathcal{E}(y_k) \tag{2.3}$$

$$u_k = \mathcal{C}(s_k) \tag{2.4}$$

と書く．関数 $\mathcal{E}, \mathcal{C}$ は時不変とするが，時変であっても関数列が通信路の両端で事前に共有されていれば以下の議論が適用できる．2.3.2 項では $\mathcal{E}, \mathcal{C}$ を動的システムに拡張した場合を扱う．

これらの要素で構成されるフィードバックシステムについて，状態を原点近傍に留まらせ続けることを目的とし，そのようなエンコーダ (2.3) とコントローラ (2.4) が存在する条件を考える．制御目的を改めて以下の**定義 2.1** に記す．

定義 2.1

プラント (2.2) を含むフィードバックシステムが安定であるとは，任意の原点近傍 E に対し初期状態集合 X_0 が存在して，任意の $x_0 \in X_0$ に対して，$x_k \in E \ (\forall k \in \mathbb{Z}_+)$ を満たすことをいう．

まず，時刻 k で $x_k \in E$ として，$x_{k+1} \in E$ となる制御入力が存在するための必要条件について検討する．エンコーダは量子化領域を N 個のセル $\Omega_1, \Omega_2, \cdots, \Omega_N$ に分割し，観測 $y_k = x_k$ を含むセルに対応するシンボル s_k を出力する．ここで，$\Omega_1, \Omega_2, \cdots, \Omega_N$ の取り方は具体的に指定しないが，これらの和集合は E を含む．そうでなければ，どの通信シンボルにも対応しない $x_k \in E$ が存在しうる．したがって

$$\mathrm{vol}(E) \leq \mathrm{vol}\left(\bigcup_{i=1}^{N} \Omega_i\right) \leq \sum_{i=1}^{N} \mathrm{vol}(\Omega_i) \tag{2.5}$$

である．ここで，集合 $\Omega \subset \mathbb{R}$ の長さを $\mathrm{vol}(\Omega)$ と表した．

受信した s_k によって，コントローラ側では x_k を含むセル Ω_{i_k} を特定できる．式 (2.2) より，次時刻の状態 x_{k+1} は集合 $\{ax + u_k : x \in \Omega_{i_k}\}$ に含まれる．この予測集合の長さは

$$\mathrm{vol}\left(\{ax + u_k : x \in \Omega_{i_k}\}\right) = |a|\,\mathrm{vol}\left(\Omega_{i_k}\right)$$

のように計算できる（図 **2.5**）．この集合が E に含まれなければ，$x_{k+1} \notin E$ となる $x_k \in \Omega_{i_k}$ が存在しうる．したがって

$$|a|\,\mathrm{vol}\left(\Omega_{i_k}\right) \leq \mathrm{vol}(E) \tag{2.6}$$

でなければならない．いま，i_k は $1, 2, \cdots, N$ のどれでも取りうるので，$i_k = 1, 2, \cdots, N$ について式 (2.6) の辺々を加えると

$$|a|\sum_{i=1}^{N} \mathrm{vol}(\Omega_i) \leq N\,\mathrm{vol}(E) \tag{2.7}$$

20　　　2. 量子化信号を用いた制御

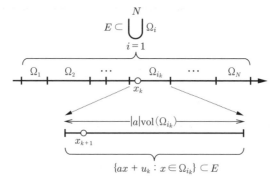

図 2.5　x_k を含む量子化セル Ω_{i_k} の時間発展

を得る。式 (2.5) を式 (2.7) に代入すると，$N \geqq |a|$ すなわち

$$R \geqq \log_2 |a|$$

が成り立つことがわかる。これは，プラントの動特性によって定まる安定化に最低限必要なデータレートを示している。より不安定なプラントの安定化には，より大きなデータレート，つまり精細な量子化信号が必要となる。

逆に，$\Omega_1, \Omega_2, \cdots, \Omega_N$ が E をたがいに素で長さの等しいセルに分割するとすると，安定化可能に十分なデータレートも導出できる。これらの結果を以下にまとめる（**定理 2.1**）。

定理 2.1

プラント (2.2) を含むフィードバックシステムが定義 2.1 の意味で安定となるエンコーダ (2.3) とコントローラ (2.4) が存在するならば，データレート R は

$$R \geqq \log_2 |a| \tag{2.8}$$

を満たす。逆に

$$R \geqq \lceil \log_2 |a| \rceil \tag{2.9}$$

を満たすならば安定化可能である。

証明 必要性 (2.8) についてはすでに示したので，つぎに十分性 (2.9) を示す。エンコーダは E を長さの等しい区間 $\Omega_1, \Omega_2, \cdots, \Omega_N$ に分割するとする。このようなセルに対して

$$\mathrm{vol}(E) = \mathrm{vol}\left(\bigcup_{i=1}^{N} \Omega_i\right) = N\,\mathrm{vol}(\Omega_i)$$

が成り立つ。したがって，$N \geqq |a|$ ならば式 (2.6) を満たし，任意の $x_k \in E$ に対して適当な u_k（例えば，$\{ax + u_k : x \in \Omega_i\}$ の中心が原点と一致するような u_k）によって $x_{k+1} \in E$ とできる。式 (2.9) より $N = 2^R \geqq |a|$ を満たす正の整数 N, R が存在するので，そのようなエンコーダは構成可能である。 ♠

式 (2.9) 右辺の $\lceil \cdot \rceil$ はビット数が必ず整数であることに起因する。$\log_2 |a|$ が整数を取る場合は式 (2.8) と式 (2.9) の右辺は一致するため，定理 2.1 で示した安定化に最低限必要なデータレートはタイトな限界であることがわかる（図 **2.6**）。また，エンコーダ (2.3) やコントローラ (2.4) の具体的な形に依存せず，広いクラスに対して定理 2.1 の必要条件 (2.8) が成立する点に注目してほしい。通信路を介して伝達可能な情報量に制約が課されることによって，このような制御を行ううえでの限界が現れる。

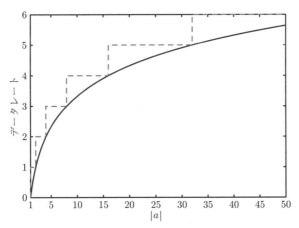

図 **2.6** 不安定固有値 a の大きさに対する安定化に必要なデータレート（実線）と十分なデータレート（破線）

2.3.2 漸近安定化可能性

本項では，図 2.3 のフィードバックシステムにおいてプラント (2.1) が多次元でエンコーダ，デコーダ，およびコントローラが時変かつメモリをもつ場合を考え，漸近安定化を達成するために必要または十分なデータレートについて述べる．以下では，信号 z の部分列を $z_p^q := \{z_p, z_{p+1}, \cdots, z_q\}$, $p \leq q$ と表記する．

エンコーダがコントローラに実装される制御則を事前に知っていれば，時刻 k までに送信したシンボル s_0^k に対してプラントに入力される u_0^k もエンコーダにおいて既知となる．エンコーダにおいて使用可能な情報を陽に書くと，時刻 k での通信シンボルは

$$s_k = \mathcal{E}_k\left(y_0^k, s_0^{k-1}, u_0^{k-1}\right) \tag{2.10}$$

である．これと対となるデコーダは，受信したシンボル $s_k \in \Sigma$ から，出力 y_k が属する集合を一意に識別する．デコーダと，制御入力を決定するコントローラを一体として式 (2.11) のように表す．

$$u_k = \mathcal{C}_k\left(s_0^k, u_0^{k-1}\right) \tag{2.11}$$

ここでは，$\mathcal{C}_k$ のクラスを特に仮定しない．あとで見るように，線形時不変システムに限らない広いクラスのコントローラについて成り立つ，安定化に必要または十分なデータレートの条件を得ることができる．

本項では，一般性を失うことなく以下の仮定を導入する（**仮定 2.1**）．

仮定 2.1

A のすべての固有値は不安定または安定限界である[†]．

A が安定固有値（絶対値 1 未満の固有値）をもつ場合，適当な状態空間の変換によってその固有値に対応する部分空間を分離する．その部分空間の状態は，

[†] すなわち行列 A のすべての固有値は絶対値 1 以上である．

任意の初期状態に対して零入力で原点に漸近するので，不安定または安定限界の固有値に対応する部分空間のみを考えればよい．

つぎに，フィードバックシステムの漸近安定性を定義する（**定義 2.2**）．

定義 2.2

プラント (2.1) を含むフィードバックシステムが**漸近安定**であるとは，つぎの 2 点が成立することをいう．

1. （原点への収束性）：任意の $x_0 \in \mathcal{X}_0$ に対して $\lim_{k \to \infty} x_k = 0$
2. （リアプノフ安定性）：任意の $\varepsilon > 0$ に対してある $\delta > 0$ が存在して

$$\|x_0\| \leq \delta \Rightarrow \|x_k\| \leq \varepsilon, \quad \forall k \in \mathbb{Z}_+$$

が成り立つ．

2.3.3 漸近安定化に最低限必要なデータレート

定理 2.1 の必要性に対応する結果として，つぎの**定理 2.2** が成り立つ．

定理 2.2

プラント (2.1) を含むフィードバックシステムが漸近安定となるエンコーダ (2.10) とコントローラ (2.11) が存在するならば，データレート R は式 (2.12) を満たす．

$$R \geq \sum_{\lambda \in \sigma(A), |\lambda| \geq 1} \log_2 |\lambda| \tag{2.12}$$

定理 2.1 と同様，定理 2.2 は式 (2.11) のような広いクラスのコントローラに対して成立する．データレートが式 (2.12) の右辺の値より小さい場合は，これまでに受信したシンボル列 s_0^k と過去の制御入力 u_0^{k-1} のみに依存して u_k を決定する因果的なコントローラは，（線形システムに限らず）いずれも漸近安定化

を達成することができない。

上記のデータレート限界は，定理 2.1 と同じように状態の属する予測集合が時間とともに発展する速さと，量子化された信号の受信によってそれが縮小する速さとの均衡を考えることで導出される。

証明 原点への収束性（定義 2.2 の 1.）より，任意の $\varepsilon > 0$, $\delta > 0$, $x_0 \in X_0 := \{x : \|x\| \leq \delta\} \subset X_0$ について，十分大きな k に対して状態 x_k を原点の ε 近傍内に到達させる制御入力列が存在する。この制御入力列 u_0^{k-1} は，時刻 0 から $k-1$ までに受信したシンボル s_0^{k-1} によって決定されるので，この時刻までの総受信シンボル数を考えると，2^{kR} 種類のうちの一つである。初期状態 x_0 が X_0 内の任意の要素に取れることを考えると，ある入力列を印加したとき，x_k が ε 近傍に含まれるような初期状態集合の部分集合をすべての入力列分集めれば，その和集合で X_0 を覆えるはずである。ある入力列 u_0^{k-1} に対して，初期状態の部分集合 $\Gamma_{u_0^{k-1}}$ をつぎのように定義する。

$$\Gamma_{u_0^{k-1}} := \{x_0 \in X_0 : \|x_k\| \leq \varepsilon\}$$
$$= \left\{ x_0 \in X_0 : \left\| A^k x_0 + \sum_{i=0}^{k-1} A^{k-1-i} B u_i \right\| \leq \varepsilon \right\}$$

ここで，$\Gamma_{u_0^{k-1}}$ の体積 $\mathrm{vol}(\Gamma_{u_0^{k-1}})$ は u_0^{k-1} に依存せず

$$\mathrm{vol}(\Gamma_{u_0^{k-1}}) = |\det(A^{-k})| S_n \varepsilon^n$$

が成り立つ。ただし，$\mathbb{R}^n$ 上の ε 超球の体積を $S_n \varepsilon^n$ と表した。2^{kR} 種類の $\Gamma_{u_0^{k-1}}$ で X_0 を覆えるから $\mathrm{vol}(\Gamma_{u_0^{k-1}}) 2^{kR} \geq \mathrm{vol}(X_0)$，すなわち

$$R \geq \frac{1}{k} \log_2 \frac{\mathrm{vol}(X_0)}{|\det(A^{-k})| S_n \varepsilon^n}$$
$$= \frac{1}{k} \log_2 \frac{S_n \delta^n}{|\det(A^{-k})| S_n \varepsilon^n}$$
$$= \log_2 |\det(A)| + \frac{n}{k} \log_2 \frac{\delta}{\varepsilon}$$

が成り立つ。ここで，$\delta/\varepsilon > 1$ と取れるので，最右辺第 2 項は正である。行列 A の行列式は固有値の積に等しいので，仮定 2.1 より定理の結論が成り立つ。♠

2.3.4 漸近安定化を達成するコントローラ

ここでは，エンコーダ (2.10) とコントローラ (2.11) の構成を具体的に与えた

うえで，それらを用いてフィードバックシステムの漸近安定化を達成するために十分なデータレートを述べる．興味深いことに，このデータレートの下限は2.3.3項で述べた安定化に必要なデータレートと（整数丸めを除き）一致する．

コントローラ側で保持する，時刻 k における状態 x_k の推定値を $\hat{x}_k$ とする．推定値 $\hat{x}_k$ の具体的な算出方法は後述するが，式 (2.11) より s_0^k, u_0^{k-1} のみに依存する値である．この $\hat{x}_k$ を用いた制御

$$u_k = K\hat{x}_k, \quad K \in \mathbb{R}^{m \times n} \tag{2.13}$$

を考える．このとき，推定誤差を $e_k := x_k - \hat{x}_k$ とすると

$$x_{k+1} = Ax_k + Bu_k = (A+BK)x_k - BKe_k$$

である．したがって，$A+BK$ が**シュール安定**（Schur stable）（すなわち，すべての固有値の絶対値が1未満）となるようにゲイン K を選び，e_k が原点に収束するとすれば，状態 x_k も原点に漸近する．量子化された出力 s_k の列からそのような推定値を構成することが課題となる．

プラントは可観測なので，y_k が誤差なく観測できるエンコーダにおいては，真の状態に漸近する推定値を計算することは容易である．エンコーダにおける推定値を $\bar{x}_k$，同じく推定誤差を $\bar{e}_k := x_k - \bar{x}_k$ として，つぎの**オブザーバ**（observer）を構成する．

$$\bar{x}_{k+1} = A\bar{x}_k + Bu_k - L(y_k - C\bar{x}_k) = A\bar{x}_k + Bu_k - LC\bar{e}_k \tag{2.14}$$

ここで，$L \in \mathbb{R}^{n \times p}$ は $A+LC$ をシュール安定とする行列である．推定誤差のダイナミクスは $\bar{e}_{k+1} = (A+LC)\bar{e}_k$ と表せるので，$\lim_{k \to \infty} \bar{e}_k = 0$ である．そこで，コントローラ側で保持する $\hat{x}_k$ を（x_k ではなく）$\bar{x}_k$ の推定値とし

$$\lim_{k \to \infty} \|\bar{x}_k - \hat{x}_k\| = 0 \tag{2.15}$$

なる $\hat{x}_k$ を得ることを目指す．

以下では，式 (2.15) を実現するエンコーダを具体的に検討する．まず，エンコーダで中心的な役割を果たす**量子化器**（quantizer）を定義する（**定義 2.3**）．

定義 2.3

量子化中心 $c \in \mathbb{R}^n$，正則な座標変換行列 $\Phi \in \mathbb{R}^{n \times n}$，量子化領域幅 $\bar{M} = [M^{\langle 1 \rangle} \ M^{\langle 2 \rangle} \ \cdots \ M^{\langle n \rangle}]^\top \in \mathbb{R}_{++}^n$，量子化レベル数 $\bar{N} = [N^{\langle 1 \rangle} \ N^{\langle 2 \rangle} \ \cdots \ N^{\langle n \rangle}]^\top \in \mathbb{N}^n$ に対して量子化器 $(c, \Phi, \bar{M}, \bar{N})$ をつぎのように定義する．

量子化領域幅 $\bar{M}$ で定まる領域

$$\left[-M^{\langle 1 \rangle}, M^{\langle 1 \rangle}\right] \times \left[-M^{\langle 2 \rangle}, M^{\langle 2 \rangle}\right] \times \cdots \times \left[-M^{\langle n \rangle}, M^{\langle n \rangle}\right]$$

を一辺が $2M^{\langle i \rangle}/N^{\langle i \rangle}$ ($i = 1, 2, \cdots, n$) の超直方体状の量子化セルに分割し（セルの境界はいずれかのセルに属するよう定める），各セルにシンボル

$$s \in \Sigma = \left\{1, 2, \cdots, \prod_{i=1}^{n} N^{\langle i \rangle}\right\}$$

を割り当てる．量子化器への入力 $x \in \mathbb{R}^n$ に対して，$\Phi(x - c)$ を含むセルのシンボルを出力する．

定義 2.3 の量子化器を，$n = 2$ の場合について**図 2.7** に示す．

以下では，時刻 k で量子化器 $(c_k, \Phi_k, \bar{M}_k, \bar{N})$ の出力 s_k が通信された後，推定値 $\hat{x}_k$ と時刻 $k+1$ における量子化器パラメータ $c_{k+1}, \Phi_{k+1}, \bar{M}_{k+1}$ の構成方法について検討する．

（1）状態推定値 コントローラ側における $\bar{x}_k$ の推定値 $\hat{x}_k$ は，s_k に対応する量子化セルの中心を σ_k として

$$\hat{x}_k = \Phi_k^{-1} \sigma_k + c_k \tag{2.16}$$

とする．図 2.7 において右の座標系から左の座標系への座標変換を考えればよい．

2.3 有限データレート制御　27

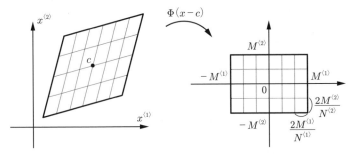

図 2.7 量子化器 $(c, \Phi, [M^{\langle 1 \rangle} \ \ M^{\langle 2 \rangle}]^\top, [N^{\langle 1 \rangle} \ \ N^{\langle 2 \rangle}]^\top)$ による $x = [x^{\langle 1 \rangle} \ \ x^{\langle 2 \rangle}]^\top$ の量子化イメージ

（2）量子化中心　式 (2.10), (2.11) より，コントローラにおいて利用可能な情報はエンコーダにおいても利用可能である。したがって，コントローラにおける推定値 $\hat{x}_k$ の初期値とその更新則 (2.16) を共有しておけば，エンコーダにおいても $\hat{x}_k$ は計算可能である。そこで，$\hat{x}_k$ と推定対象のダイナミクス (2.14) から予測される次時刻の $\bar{x}$ を，時刻 $k+1$ での量子化領域の中心とする。つまり

$$c_{k+1} = A\hat{x}_k + Bu_k \tag{2.17}$$

とする。ここで，式 (2.14) 中の $\bar{e}_k$ を含む項はコントローラ側では未知であるから，式 (2.17) に含まれない。次時刻のエンコーダ出力は，c_{k+1} と $\bar{x}_{k+1}$ の差を，量子化された信号によりコントローラ側へ伝達することになる。時刻 $k=0$ で $c_0 = 0$ とする。

（3）座標変換行列　座標変換行列 Φ_k の役割は，行列 A に従って拡大する $\bar{x}_k$ を含む集合を，A の各固有値に対応した座標系に変換することである。これにより，次時刻の量子化領域幅 $\bar{M}_k$ が A の固有値をもとに計算可能となる。A を実ジョルダン形に相似変換する行列を $\Psi \in \mathbb{R}^{n \times n}$ とすると

$$\Psi A \Psi^{-1} = J$$

$$J := \mathrm{diag}(J_1, J_2, \cdots, J_d)$$

と表せる。ここで，J_i は固有値 λ_i $(i = 1, 2, \cdots, d)$ に対応するジョルダン細胞

で，$\lambda_i \in \mathbb{R}$ のとき

$$J_i := \begin{bmatrix} \lambda_i & 1 & & \\ & \lambda_i & 1 & \\ & & \ddots & \ddots \\ & & & \lambda_i \end{bmatrix}$$

で定義され，複素固有値 $\lambda_i = |\lambda_i|(\cos\theta_i + \mathrm{j}\sin\theta_i)$, $\theta_i \in \mathbb{R}$ に対しては

$$J_i := \begin{bmatrix} |\lambda_i|\Lambda_i & I & & \\ & |\lambda_i|\Lambda_i & I & \\ & & \ddots & \ddots \\ & & & |\lambda_i|\Lambda_i \end{bmatrix}, \quad \Lambda_i := \begin{bmatrix} \cos\theta_i & \sin\theta_i \\ -\sin\theta_i & \cos\theta_i \end{bmatrix}$$

である．この行列による座標変換を施した状態 $\Psi\bar{x}_k$ を考えると，実固有値に対応するものについては次時刻での状態が容易に計算できる．複素固有値については，J_i に回転行列 Λ_i が含まれるために複数の状態変数が相互に影響する．そこで，回転をキャンセルする行列 $H = \mathrm{diag}(H_1, H_2, \cdots, H_d) \in \mathbb{R}^{n \times n}$

$$H_i := \begin{cases} I, & \text{if } \lambda_i \in \mathbb{R} \\ \mathrm{diag}\left(\Lambda_i^{-1}, \cdots, \Lambda_i^{-1}\right), & \text{if } \lambda_i \in \mathbb{C} \setminus \mathbb{R} \end{cases}$$

を導入し

$$\begin{aligned} \bar{z}_k &= \Phi_k \bar{x}_k \\ \Phi_{k+1} &:= H\Phi_k, \quad \Phi_0 := \Psi \end{aligned} \tag{2.18}$$

なる座標変換を考える．式 (2.14) でこの変換を考えると

$$\bar{z}_{k+1} = \Phi_{k+1} A \bar{x}_k + \Phi_{k+1}(Bu_k - LC\bar{e}_k)$$

を得る．右辺第 1 項に注目すると，Φ_{k+1}, Ψ の定義より

$$\Phi_{k+1} A \bar{x}_k = H^{k+1} \Psi A \Psi^{-1} H^{-k} H^k \Psi \bar{x}_k = H^{k+1} J H^{-k} \bar{z}_k$$

2.3 有限データレート制御

となる。H, J はともにブロック対角行列であるから,積 HJ は対応するブロックどうしの積を考えればよい。第 i 番目のブロック H_i, J_i について定義に基づき計算すると,$H_i^{k+1} J_i H_i^{-k} = H_i J_i$ を得る (式 (2.19))。

$$H_i J_i = \begin{cases} J_i, & \text{if } \lambda_i \in \mathbb{R} \\ \begin{bmatrix} |\lambda_i|I & \Lambda_i^{-1} & & \\ & |\lambda_i|I & \Lambda_i^{-1} & \\ & & \ddots & \ddots \\ & & & |\lambda_i|I \end{bmatrix}, & \text{if } \lambda_i \in \mathbb{C} \setminus \mathbb{R} \end{cases} \quad (2.19)$$

これより,$\bar{z}_{k+1}$ は

$$\bar{z}_{k+1} = HJ\bar{z}_k + \Phi_{k+1}(Bu_k - LC\bar{e}_k) \quad (2.20)$$

に従う。式 (2.20) はつぎに述べる量子化領域幅を決定する際に必要となる。

(4) **量子化領域幅** 量子化領域幅は,量子化器への入力が量子化領域内に収まるように設定する。時刻 k における通信シンボル s_k を受信後に,コントローラ側では $\Phi_k(\bar{x}_k - c_k)$ を含むセル Ω_{s_k} が既知であり,$\bar{x}_k$ が属する集合

$$X_k := \{\Phi_k^{-1} \xi + c_k : \xi \in \Omega_{s_k}\} \quad (2.21)$$

を計算できる。この X_k のすべての要素について,時間発展後の値が量子化領域内に含まれるような幅 $\bar{M}_{k+1}$ を求めたい。時刻 $k=0$ では $\Phi_0(\bar{x}_0 - c_0) = \Psi\bar{x}_0$ が量子化領域に含まれるように $\bar{M}_0$ を設定すればよい。これは,$\bar{x}_0$ を通信路の両端であらかじめ共通に設定しておけば容易である。やや天下り的であるが,必要な定義を行った後,そのような十分大きな $\bar{M}_{k+1}$ を示す。ブロック対角行列 $\bar{J} = \text{diag}(\bar{J}_1, \bar{J}_2, \cdots, \bar{J}_d)$ を

$$\bar{J}_i := \begin{cases} \begin{bmatrix} |\lambda_i| & 1 & & \\ & |\lambda_i| & 1 & \\ & & \ddots & \ddots \\ & & & |\lambda_i| \end{bmatrix}, & \text{if } \lambda_i \in \mathbb{R} \\ \begin{bmatrix} |\lambda_i|I & \mathbf{1}_2\mathbf{1}_2^\top & & \\ & |\lambda_i|I & \mathbf{1}_2\mathbf{1}_2^\top & \\ & & \ddots & \ddots \\ & & & |\lambda_i|I \end{bmatrix}, & \text{if } \lambda_i \in \mathbb{C} \setminus \mathbb{R} \end{cases} \tag{2.22}$$

とする．また，量子化レベル数 $\bar{N}$ に対して

$$F_{\bar{N}} := \mathrm{diag}\left(\frac{1}{N^{\langle 1 \rangle}}, \frac{1}{N^{\langle 2 \rangle}}, \ldots, \frac{1}{N^{\langle n \rangle}}\right)$$

とする．最後に，$\Xi \geqq 0, \gamma \in (0,1)$ を

$$\|(A+LC)^k\|_\infty \leqq \Xi\gamma^k \tag{2.23}$$

を満たす定数とする．$A+LC$ はシュール安定であるから，そのような定数は必ず存在する．

つぎの**補題 2.1** が従う．

補題 2.1

時刻 $k+1$ の量子化領域幅を

$$\bar{M}_{k+1} = \bar{J}F_{\bar{N}}\bar{M}_k + \Xi\gamma^k\|\Phi_{k+1}\|_\infty\|LC\|_\infty\|\bar{e}_0\|_\infty \mathbf{1} \tag{2.24}$$

とすると，任意の $\bar{x}_k \in X_k$ について $\Phi_{k+1}(\bar{x}_{k+1} - c_{k+1})$ は $\bar{M}_{k+1}$ で定まる超直方体に含まれる．ここで，X_k は $\bar{x}_k$ を含む集合であり，式 (2.21) で与えられる．

証明 式 (2.17), (2.18), および式 (2.20) より

$$\begin{aligned}
\Phi_{k+1}(\bar{x}_{k+1} - c_{k+1}) &= \bar{z}_{k+1} - \Phi_{k+1}(A\hat{x}_k + Bu_k) \\
&= HJ\bar{z}_k + \Phi_{k+1}Bu_k - \Phi_{k+1}LC\bar{e}_k \\
&\quad - (HJ\Phi_k\hat{x}_k + \Phi_{k+1}Bu_k) \\
&= HJ(\bar{z}_k - \Phi_k\hat{x}_k) - \Phi_{k+1}LC\bar{e}_k \quad (2.25)
\end{aligned}$$

となる。2番目の等号では $H^{k+1}\Psi A = HJ\Phi_k$ を用いた。まず，式 (2.25) の最右辺第1項について，上界を導出する。式中の $\bar{z}_k - \Phi_k\hat{x}_k = \Phi_k\bar{x}_k - \Phi_k\hat{x}_k$ は時刻 k での量子化誤差を表す。式 (2.16) より任意の $\bar{x}_k \in X_k$ に対して

$$|\bar{z}_k - \Phi_k\hat{x}_k| \leqq F_{\bar{N}}\bar{M}_k \quad (2.26)$$

である。ここで，$|\cdot|$ は各要素の絶対値を取る演算で，不等号は要素ごとの大小関係を表す。式 (2.25) より，この量子化誤差は HJ の固有値の大きさに応じて時間とともに拡大する。HJ の第 i ブロック (2.19) と $\bar{J}$ の定義 (2.22) より $|HJ| \leqq \bar{J}$ であるから，式 (2.26) より

$$|HJ(\bar{z}_k - \Phi_k\hat{x}_k)| \leqq \bar{J}F_{\bar{N}}\bar{M}_k$$

である。これと式 (2.25) 最右辺第2項の ∞ ノルムを考えると

$$\bar{M}_{k+1} = \bar{J}F_{\bar{N}}\bar{M}_k + \|\Phi_{k+1}LC\bar{e}_k\|_\infty \mathbf{1} \quad (2.27)$$

とすれば，任意の $\bar{x}_k \in X_k$ について $\Phi_{k+1}(\bar{x}_{k+1} - c_{k+1})$ は $\bar{M}_{k+1}$ で定まる超直方体に含まれる。

しかし，式 (2.27) にはコントローラ側で計算不可能な量 $\bar{e}_k$ が含まれている。これを通信路の両端で構成可能な上界で置き換える。式 (2.14) より $\bar{e}_k = (A + LC)\bar{e}_{k-1} = (A + LC)^k \bar{e}_0$ である。よって，式 (2.23) より

$$\|\bar{e}_k\|_\infty \leqq \Xi\gamma^k \|\bar{e}_0\|_\infty$$

である。$\|\bar{e}_0\|_\infty = \|x_0 - \bar{x}_0\|_\infty$ は初期状態 x_0 を含む集合 $\mathcal{X}_0$ が有界であることに注意して，通信路の両端で計算可能で有界な値 $\sup_{x_0 \in \mathcal{X}_0} \|x_0 - \bar{x}_0\|_\infty$ とすればよい。以上より

$$\|\Phi_{k+1}LC\bar{e}_k\|_\infty \leqq \Xi\gamma^k \|\Phi_{k+1}\|_\infty \|LC\|_\infty \|\bar{e}_0\|_\infty$$

であるから，これと式 (2.27) より補題 2.1 が示せる。 ♠

ここまで述べた量子化器 $(c_k, \Phi_k, \bar{M}_k, \bar{N})$ を用いて $\bar{x}_k$ を符号化し，式 (2.13) による制御を考えると，漸近安定化可能であるための十分条件を与えるつぎの**定理 2.3** が導ける。

定理 2.3

データレート R が

$$R > \sum_{\lambda \in \sigma(A), |\lambda| \geq 1} \lceil \log_2 |\lambda| \rceil \tag{2.28}$$

を満たすならば，プラント (2.1) を含むフィードバックシステムを漸近安定化するエンコーダ (2.10) とコントローラ (2.11) が存在する。

証明 エンコーダ側においてオブザーバ (2.14) を構成する。コントローラ側における $\bar{x}_k$ の推定値 $\hat{x}_k$ を式 (2.16) とし，式 (2.13) の制御則を用いる。フィードバックゲイン K は $A + BK$ がシュール安定になるように選ぶ。時刻 k での量子化における量子化中心 c_k，座標変換行列 Φ_k，量子化領域幅 $\bar{M}_k$ は，それぞれ式 (2.17)，(2.18)，(2.24) に従うものとする。

式 (2.15) が成り立つことを示す。不等式

$$\|\bar{x}_k - \hat{x}_k\| \leq \|\Phi_k^{-1}\| \|\Phi_k(\bar{x}_k - \hat{x}_k)\|$$

において，$\|\Phi_k^{-1}\|$ は有界である。補題 2.1 より $\bar{x}_k$ は $\bar{M}_k$ で定まる量子化領域内にあり，s_k 受信後にはそのうち $\hat{x}_k$ を中心とするセルに存在することがわかるので

$$\|\Phi_k(\bar{x}_k - \hat{x}_k)\| \leq \|F_{\bar{N}} \bar{M}_k\| \leq \|F_{\bar{N}}\| \|\bar{M}_k\|$$

となる。つまり，$\|\bar{M}_k\|$ が 0 に収束することを示せばよい。式 (2.24) より

$$\bar{M}_k = (\bar{J} F_{\bar{N}})^k \bar{M}_0 + \sum_{i=0}^{k-1} (\bar{J} F_{\bar{N}})^{k-1-i} h(i)$$

$$h(i) := \Xi \gamma^i \|\Phi_{i+1}\|_\infty \|LC\|_\infty \|\bar{e}_0\|_\infty \mathbf{1}$$

である。ここで，$\gamma \in (0, 1)$ より $\lim_{i \to \infty} h(i) = 0$ であるから，$\bar{J} F_{\bar{N}}$ がシュール安定ならば $\lim_{k \to \infty} \|\bar{M}_k\| = 0$ である。

式 (2.28) を満たすデータレート $R \in \mathbb{N}$ に対し，$\bar{J}F_{\bar{N}}$ がシュール安定となる $F_{\bar{N}}$ を構成できる。A の固有値を重複を含めて λ_i $(i=1,2,\cdots,n)$ とする。仮定 2.1 よりすべての固有値について $|\lambda_i| \geq 1$ である。量子化レベル数 $\bar{N} = [N^{\langle 1 \rangle}\ N^{\langle 2 \rangle}\ \cdots\ N^{\langle n \rangle}]^\top$ を

$$N^{\langle i \rangle} > 2^{\lceil \log_2 |\lambda_i| \rceil}$$

かつ，$R \geq \sum_{i=1}^{n} \log_2 N^{\langle i \rangle}$ となるよう定めればよい。 ♠

式 (2.28) 右辺のデータレートは，安定化を達成するために必要なデータレートの下界を示した式 (2.12) と同様に，プラントの A 行列の不安定固有値のみで記述される。式 (2.28) に含まれる $\lceil \cdot \rceil$ は，式 (2.9) と同様に，データレートを整数とするための演算を意味する。ここでは量子化ビット数を全時刻で同一としているため，R は整数でなければ量子化器を構築できない。R が時変な場合に拡張し，平均の意味でのデータレートを考えると，非整数とすることもできる（章末問題【1】）。

数値例で定理 2.3 の結果を確認しよう（**例 2.1**）。

例 2.1 つぎのプラントを考える。

$$\begin{bmatrix} x_{k+1}^{\langle 1 \rangle} \\ x_{k+1}^{\langle 2 \rangle} \end{bmatrix} = \begin{bmatrix} 3.3 & 1 \\ 0 & 1.5 \end{bmatrix} \begin{bmatrix} x_k^{\langle 1 \rangle} \\ x_k^{\langle 2 \rangle} \end{bmatrix} + \begin{bmatrix} 0 \\ 1 \end{bmatrix} u_k, \quad y_k = \begin{bmatrix} 1 & 0 \end{bmatrix} \begin{bmatrix} x_k^{\langle 1 \rangle} \\ x_k^{\langle 2 \rangle} \end{bmatrix}$$

このシステムの A 行列の固有値は 3.3, 1.5 であり，$\sum_{\lambda \in \sigma(A), |\lambda| \geq 1} \log_2 |\lambda|$ を計算するとおよそ 2.3 である。したがって，定理 2.2 より $R=2$ ビット/ステップでは漸近安定化が不可能で，定理 2.3 より $R=3$ ビット/ステップで漸近安定化可能である。

定理 2.3 の証明で述べたエンコーダとコントローラを設計する。コントローラ (2.13) とエンコーダ側オブザーバ (2.14) で用いるゲインをそれぞれ

$$K = -\begin{bmatrix} 8.7 & 4.1 \end{bmatrix}, \quad L = -\begin{bmatrix} 4.3 & 1.5 \end{bmatrix}^\top \tag{2.29}$$

とする。量子化レベル数を $\bar{N} = [4\ 2]^\top$ とすると，$R=3$ であり，エンコーダの主要なパラメータは以下のように求められる。

$$\Psi = \Phi_k = \begin{bmatrix} 1 & 0.56 \\ 0 & 1.14 \end{bmatrix}, \ J = \bar{J} = \begin{bmatrix} 3.3 & 0 \\ 0 & 1.5 \end{bmatrix}, \ F_{\bar{N}} = \begin{bmatrix} \dfrac{1}{4} & 0 \\ 0 & \dfrac{1}{2} \end{bmatrix} \quad (2.30)$$

また,式 (2.23) の Ξ, γ はそれぞれ 3.3, 0.6 とし,$\bar{x}_0 = [0 \ \ 0]^\top$, $\bar{M}_0 = [1 \ \ 1]^\top$ とした.初期状態を $[x_0^{\langle 1 \rangle} \ x_0^{\langle 2 \rangle}]^\top = [1 \ \ -1]^\top$ として上記のエンコーダとコントローラを用いた場合の状態の時間応答を図 **2.8** に示す.四角印(□)が $x_k^{\langle 1 \rangle}$ を,丸印(●)が $x_k^{\langle 2 \rangle}$ を表す.安定化限界に近いデータレートのため,大きく状態が振動するが,漸近安定化を達成できていることがわかる.

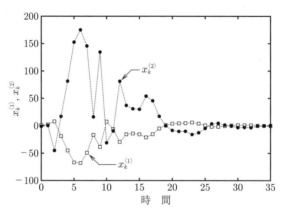

図 **2.8** $R = 3$ ビット/ステップで制御を行ったときの状態 $[x_k^{\langle 1 \rangle} \ \ x_k^{\langle 2 \rangle}]^\top$ の時間応答

つぎにビット数を固有値ごとに 1 ずつ増加させ $R = 5$ ビット/ステップ,$\bar{N} = [8 \ \ 4]^\top$,その他のパラメータは式 (2.29),(2.30) のままとしたときの状態の時間応答を図 **2.9** に示す.四角印(□)が第 1 成分を,丸印(●)が第 2 成分を表す.縦軸のスケールに注目すると,安定限界に近かった図 2.8 の場合と比較して量子化誤差が小さいため,応答が大きく改善していることが確認できる.

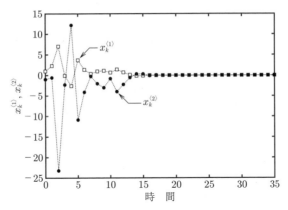

図 2.9 $R=5$ ビット/ステップで制御を行ったときの状態 $[x_k^{\langle 1 \rangle} \quad x_k^{\langle 2 \rangle}]^\top$ の時間応答

2.4 静的量子化器を用いた制御

2.3 節では量子化器を,量子化中心 c_k や領域幅 $\bar{M}_k$ を状態として保持する動的システムと考え,漸近安定性を議論した.ところで,プラント (2.1) で全状態が観測可能 ($C = I$) とすると,もし通信路による制約がなければ,可制御性より観測された状態 x に対して,制御入力 u を

$$u = Kx$$

のように決定する静的なコントローラによって漸近安定化が可能である.では,量子化によって u の取りうる値が,ある離散集合 $\mathcal{U}$ 上に限定される場合に,静的なコントローラ

$$u = f(x), \quad f : \mathbb{R}^n \to \mathcal{U} \tag{2.31}$$

によって漸近安定化を達成するためには,f をどのように定めればよいだろうか.本節ではこの問題について考える.

2.4.1 量子化器の粗さ

まず，本節の問題設定について述べ，2.3 節におけるデータレートに対応する概念として量子化器の粗さを定義する．

プラントは，式 (2.1) で表される離散時間線形時不変システムで，本節では 1 入力，全状態観測可能とする．つまり，$u \in \mathbb{R}, C = I$ である．また，プラントはシュール安定でないとする．このプラントを，離散値を取る制御入力 $u \in \mathcal{U} := \{u_i \in \mathbb{R} : i \in \mathbb{Z}\}$ によって漸近安定化することを考える．

正定値行列 $P \in \mathbb{R}^{n \times n}$ に対して

$$V(x) := x^\top P x \tag{2.32}$$

を定義する．式 (2.31) のコントローラのもとで

$$\Delta V(x) := V(Ax + Bu) - V(x) < 0, \quad \forall x \in \mathbb{R}^n \backslash \{0\} \tag{2.33}$$

であれば，フィードバックシステムは漸近安定であり，$V(x)$ は**リアプノフ関数**（Lyapunov function）と呼ばれる．本節の目的は，$V(x)$ がリアプノフ関数となるような $\mathcal{U}$ と f を見つけることである．ここで，f は状態空間 $\mathbb{R}^n$ から制御入力値集合 $\mathcal{U}$ への写像で，状態空間をセル $\{x : f(x) = u_i\}$ $(i \in \mathbb{Z})$ に分割し，一つのセルに含まれるすべての状態に同一の入力 u_i を割り当てる．図 2.3 のフィードバックシステムでいえば，エンコーダ，デコーダ，およびコントローラを静的なシステムとしてまとめて表現したものが f である．または，コントローラの出力からプラントの入力の間にディジタル通信路が存在するために，コントローラの出力を離散値信号とする必要があるフィードバックシステムを考えたときに，コントローラと量子化器を表す関数とも考えられる．以下，この関数 f を単に量子化器とも呼ぶ．式 (2.32) より $V(x) = V(-x)$ であるから，一般性を失うことなく量子化セルは原点対称，すなわち

$$f(x) = -f(-x) \tag{2.34}$$

と仮定できる．

量子化器 f のセル分割が十分精細であればこの問題は容易であるから，ここでの興味は，フィードバックシステムの安定性を保証する範囲でどこまで"粗い"分割が可能か，という点にある．その議論のために，**量子化の粗さ**（coarseness of quantization）を定義する（**定義 2.4**）．

定義 2.4

正数 $\varepsilon \in (0,1]$ と量子化器 $f : \mathbb{R}^n \to \mathcal{U}$ に対し，$\#f[\varepsilon]$ を区間 $[\varepsilon, 1/\varepsilon]$ に含まれる $\mathcal{U}$ の要素数とする．量子化器 f の粗さ η_f を式 (2.35) で定義する．

$$\eta_f = \limsup_{\varepsilon \to 0} \frac{\#f[\varepsilon]}{-\ln \varepsilon} \tag{2.35}$$

ある区間内の量子化レベル数が，区間の長さに対して対数で増加する量子化器の粗さは有限の値となる．このタイプの量子化器は，原点に近づくほど細かく，原点から遠ざかるほど粗く量子化し，無限のレベル数をもつ量子化器である．あとで見るように，ある意味でこのタイプの量子化器が最適であることが示せる．一方で，$u_i - u_{i+1}$ がすべての $i \in \mathbb{Z}$ について一定となる一様量子化器は粗さが無限大となり，2.3 節で扱ったような量子化レベル数が有限な量子化器は，すべて粗さ 0 となる．

2.4.2 最も粗い安定化量子化器

漸近安定化可能な最も粗い量子化器を導出するために，まず，ある $x \in \mathbb{R}^n$ に対して $\Delta V(x) < 0$ となる入力 u の範囲を求める．u がスカラーであることに注意して，式 (2.32) を式 (2.33) へ代入すると

$$\Delta V(x) = x^\top \left(A^\top P A - P \right) x + 2 x^\top A^\top P B u + u^2 B^\top P B \tag{2.36}$$

を得る．したがって，$V(x)$ を最も降下させる入力は

$$K = -\frac{B^\top P A}{B^\top P B}$$

をゲインとする状態フィードバックの形 $u = Kx$ で表せる. $V(x)$ を減少させる u の範囲は補題 2.2 で与えられる.

補題 2.2

式 (2.32) で与えられる関数 $V(x)$, $x \neq 0$ に対して, $\Delta V(x) < 0$ なる u は $u \in (u^-, u^+)$ である. ただし

$$u^\pm := Kx \pm \sqrt{\frac{x^\top Q x}{B^\top P B}} \tag{2.37}$$

$$Q := P - A^\top P A + \frac{A^\top P B B^\top P A}{B^\top P B} \tag{2.38}$$

である.

証明 式 (2.36) 右辺について, $B^\top P B > 0$ より u に関して下に凸である. したがって, 式 (2.36) 右辺が 0 となる u を求めれば, その間が求める u の区間である. 式 (2.36) を u について解くと, そのような u は

$$-\frac{x^\top A^\top P B}{B^\top P B} \pm \frac{\sqrt{x^\top A^\top P B B^\top P A x - B^\top P B x^\top (A^\top P A - P) x}}{B^\top P B}$$

$$= Kx \pm \sqrt{\frac{x^\top Q x}{B^\top P B}}$$

と求められる. これは命題中の u^-, u^+ にほかならない. よって補題 2.2 が示された. ♠

式 (2.38) の Q は, 状態フィードバック制御 $u = Kx$ を施したフィードバックシステムのリアプノフ関数の増分を記述する行列である. つまり

$$V(Ax + BKx) - V(x) = -x^\top Q x$$

と表せ, このフィードバックシステムが漸近安定であるならば $Q \succ 0$ である.

関数 $V(x)$ がリアプノフ関数となる範囲で最も粗い量子化器は, 定理 2.4 で与えられる.

定理 2.4

式 (2.32) の関数 $V(x)$ と制御則 $u = f_P(x)$ を考える。式 (2.33) を満たす最も粗い量子化器 $f_P(x)$ は以下で与えられる。

$$f_P(x) = \begin{cases} u_i, & \text{if } x \in \{x : v_{i+1} < Kx \leqq v_i, \\ & \quad v_i = \rho_P^i v_0, \quad i \in \mathbb{Z}\} \\ 0, & \text{if } x \in \{x : Kx = 0\} \\ -f_P(-x), & \text{if } x \in \{x : Kx < 0\} \end{cases} \quad (2.39)$$

ここで，v_0 は任意の正の定数で

$$\rho_P := \frac{\sqrt{\dfrac{B^\top PAQ^{-1}A^\top PB}{B^\top PB}} - 1}{\sqrt{\dfrac{B^\top PAQ^{-1}A^\top PB}{B^\top PB}} + 1} \in [0, 1) \quad (2.40)$$

$$\mathcal{U} = \left\{ \pm u_i : u_i = \rho_P^i u_0, i \in \mathbb{Z} \right\} \cup \{0\}, \quad u_0 = \frac{2\rho_P}{1 + \rho_P} v_0 \quad (2.41)$$

である。また，この量子化器 f_P の粗さは

$$n_{f_P} = \frac{2}{-\ln \rho_P}$$

である。

定理 2.4 で述べられている関数 f_P は，$Kx = v$ をしきい値 v_i で量子化する。しきい値点列 $\{v_i\}$ は，i が増加するにつれ原点方向に向かって比率 ρ_P で減少していく無限列で，正負対称である。これは，入力の区間に対して量子化レベル数が対数で増加するため**対数量子化器**（logarithmic quantizer）と呼ばれる（図 **2.10**）。

定理 2.3 では，量子化レベル数が有限で領域幅が時変な一様量子化器（定義 2.3）によって漸近安定化が達成できることを示した。対数量子化器が原点付近で無限に細かい量子化を行うことは，定義 2.3 の量子化器において領域幅を無

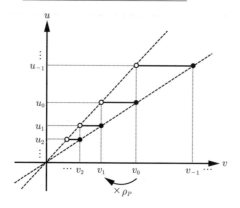

図 2.10 対数量子化器

限に小さく取ることに対応する。

証明 補題 2.2 より，$Kx = 0$ なる x に対しては，$0 \in (u^-, u^+)$ である。つまりベクトル $K^\top$ と直交する x については $u = 0$ で $\Delta V(x) < 0$ となる。したがって，漸近安定性を保ちつつ量子化を粗くする目的では $K^\top$ 方向に沿った量子化に注目すればよい。表記の簡単のために式 (2.38) で定義した Q を用いて

$$z = Q^{1/2} x$$

と座標変換を行い，前述のアイディアを改めて説明する。z を用いて u^-, u^+ を表すと

$$u^{\pm} = KQ^{-1/2} z \pm \sqrt{\frac{z^\top z}{B^\top PB}} \tag{2.42}$$

である。座標変換後の最急降下方向ベクトルを $\bar{K}^\top := (KQ^{-1/2})^\top$ と表記する。適当なスケーリングパラメータ $\alpha, \beta \in \mathbb{R}$ を用いて z を

$$z = \bar{K}^\top \alpha + (\bar{K}^\perp)^\top \beta \tag{2.43}$$

と分解する。ここで，$(\bar{K}^\perp)^\top$ は $\bar{K}^\top$ と直交するベクトルである。式 (2.43) を式 (2.42) に代入すると

$$u^{\pm} = \frac{\alpha}{B^\top PB} \frac{B^\top PAQ^{-1}A^\top PB}{B^\top PB}$$
$$\pm \sqrt{\frac{\alpha^2}{(B^\top PB)^2} \frac{B^\top PAQ^{-1}A^\top PB}{B^\top PB} + \beta^2 \frac{\|\bar{K}^\perp\|^2}{B^\top PB}} \tag{2.44}$$

を得る。式 (2.44) より，区間 (u^-, u^+) は $\beta = 0$ なる z について最も狭くなる。言い換えると，$\Delta V(x) < 0$ とするためには，$\bar{K}^\top$ 方向に伸長する z に対して最

も細かく u の値を変更する必要がある.そこで,$\bar{K}^\top$ に直交する量子化,つまり式 (2.43) の α の値に応じて u_i を割り当てる量子化を考える.

つぎに,量子化幅を求める.$\bar{K}^\top$ 方向の $z = \bar{K}^\top \alpha$ について,$V(x)$ が減少する共通の入力が存在する範囲を求める.適当な正の数 α_0 を取り,$z = \bar{K}^\top \alpha_0$ に対し式 (2.42) で定まる区間 (u^-, u^+) を U_{α_0} と表す.α を変化させ U_α が U_{α_0} と共通の要素をもつ限界を求め,そのときの α と α_0 の比を ρ とすると,形式的に

$$\rho := \inf_{\alpha \in \{U_\alpha \cap U_{\alpha_0} \neq \emptyset\}} \frac{\alpha}{\alpha_0}$$

と書ける.この ρ は,式 (2.44) に $\beta = 0$ を代入すると

$$u^+(\alpha) = \frac{\alpha}{B^\top PB} \left(\frac{B^\top PAQ^{-1}A^\top PB}{B^\top PB} + \sqrt{\frac{B^\top PAQ^{-1}A^\top PB}{B^\top PB}} \right)$$

$$> \frac{\alpha_0}{B^\top PB} \left(\frac{B^\top PAQ^{-1}A^\top PB}{B^\top PB} - \sqrt{\frac{B^\top PAQ^{-1}A^\top PB}{B^\top PB}} \right) = u^-(\alpha_0)$$

なる α の下限で求められ,式 (2.40) の ρ_P と一致する.$\beta \neq 0$ なる z に対する (u^-, u^+) は,式 (2.44) より,$\beta = 0$ の場合のそれを含む区間となる.したがって,任意の z について,図 2.11 の α-u 平面に示す破線で挟まれたセクタ内の u は $\Delta V(x) < 0$ を満たす.求める最も粗い量子化器は,このセクタ内に収まる最も粗い階段関数である.

ここまでの議論から,ある $v_0 > 0$ を与えたとき,$\bar{K}z = Kx \in (\rho v_0, v_0)$ なる x について,$V(x)$ が減少する共通の入力(u_0 とする)が存在する.この u_0 は

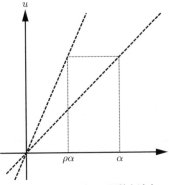

図 2.11 リアプノフ関数を減少させる u のセクタ

$$v_0 = KQ^{-1/2} \bar{K}^\top \alpha_{v_0} = \frac{B^\top PAQ^{-1}A^\top PB}{B^\top PB} \frac{\alpha_{v_0}}{B^\top PB} \tag{2.45}$$

なる適当な $\alpha_{v_0} > 0$ を用いて

$$u_0 = u^-(\alpha_{v_0})$$
$$= \frac{\alpha_{v_0}}{B^\top PB} \left(\frac{B^\top PAQ^{-1}A^\top PB}{B^\top PB} - \sqrt{\frac{B^\top PAQ^{-1}A^\top PB}{B^\top PB}} \right) \tag{2.46}$$

と表せる．したがって，式 (2.45), (2.46) と

$$\sqrt{\frac{B^\top P A Q^{-1} A^\top P B}{B^\top P B}} = \frac{1+\rho}{1-\rho}$$

より，式 (2.41) における u_0, v_0 の関係を得る．以上より，すべての $x \in \{x : \rho v_0 \leq Kx \leq v_0\}$ について入力 u_0 を印加した場合，$V(x)$ は非増加である．同様の議論を行うと，任意の $x \in \{x : \rho^2 v_0 \leq Kx \leq \rho v_0\}$ について，$u_1 = \rho u_0$ が $V(x)$ を非増加とする入力として求まる．これを繰り返し，$f_P(x)$ が一意となるように不等号を厳密な不等号に置き換えると，命題中の $f_P(x)$ が得られる．

最後に，$\varepsilon \in (0,1]$ に対して

$$\frac{2\ln \varepsilon}{\ln \rho} - 1 < \#f_P[\varepsilon] \leq \frac{2\ln \varepsilon}{\ln \rho} + 1$$

であるから，定義 2.4 より $\eta_{f_P} = 2/(-\ln \rho)$ となる．　♠

ρ_P は最も粗い量子化器 f_P における隣接する量子化セルの幅の比で，小さいほど粗く，大きいほど精細な量子化を意味する．f_P より精細な量子化器を用いた場合について，定理 2.4 とその証明から以下の**系 2.1** が得られる．

系 2.1

任意の $\varepsilon \in (0, 1-\rho_P)$ に対して，式 (2.39) において ρ_P を $\rho_P + \varepsilon$ に置き換えた量子化器を $f_{P,\varepsilon}$ とする．制御則 $u = f_{P,\varepsilon}(x)$ は式 (2.33) を満たす．

2.4.3 粗さの最大値

ここまで，$V(x)$ がリアプノフ関数となる最も粗い量子化器 f_P を考えた．f_P の粗さを決めるパラメータ ρ_P は P に依存する．自然な疑問として，すべての P について最も粗い量子化器やその粗さを調べたい．そこで，以下の問題を考える．

プラント (2.1) に対して式 (2.32) の $V(x)$ がリアプノフ関数となる正定値行列 $P \in \mathbb{R}^{n \times n}$ の集合を $\mathcal{P}$ として

$$\rho_{\inf} = \inf_{P \in \mathcal{P}} \rho_P \tag{2.47}$$

なる $\rho_{\inf}$ と,もし存在するならば,$\rho_{\inf} = \rho_{P_{\inf}}$ なる $P_{\inf}$ を求めよ.

この問題の解は以下の**定理 2.5** で与えられる.

定理 2.5

式 (2.47) の $\rho_{\inf}$ は

$$\rho_{\inf} = \frac{\prod_{\lambda \in \sigma(A), |\lambda| \geq 1} |\lambda| - 1}{\prod_{\lambda \in \sigma(A), |\lambda| \geq 1} |\lambda| + 1} \tag{2.48}$$

である.また,$P_{\inf}$ はつぎの**リッカチ方程式**(Riccati equation)

$$P_{\inf} = A^\top P_{\inf} A - \frac{A^\top P_{\inf} B B^\top P_{\inf} A}{1 + B^\top P_{\inf} B} \tag{2.49}$$

の半正定値解である.

証明 式 (2.40) より

$$\gamma_P := \sqrt{\frac{B^\top P A Q^{-1} A^\top P B}{B^\top P B}}$$

とすると

$$\rho_P = \frac{\gamma_P - 1}{\gamma_P + 1}$$

と表せる.ρ_P は非負の γ_P について単調増加であるから,ρ_P の最小化問題は

$$\gamma_{\inf} := \inf_{P \in \mathcal{P}, \gamma_P \leq \gamma} \gamma$$

なる $\gamma_{\inf}$ を求める問題に変換される.

不等式 $\gamma_P \leq \gamma$ は $\gamma_P^2 \leq \gamma^2$ と等価であり,γ_P^2 をベクトル $Q^{-1/2} A^\top P B$ に注目して書き改めることにより

$$\gamma_P^2 = \left\| \frac{Q^{-1/2} A^\top P B B^\top P A Q^{-1/2}}{B^\top P B} \right\|$$

$$= \lambda_{\max} \left(\frac{Q^{-1/2} A^\top P B B^\top P A Q^{-1/2}}{B^\top P B} \right) \leq \gamma^2$$

を得る.したがって

$$\frac{Q^{-1/2}A^\top PBB^\top PAQ^{-1/2}}{B^\top PB} \preceq \gamma^2 I_n$$

である.両辺の左右から $Q^{1/2}$ を乗じると

$$\frac{A^\top PBB^\top PA}{B^\top PB} \preceq \gamma^2 Q$$

となり,さらに式 (2.38) を代入して整理すると

$$P - A^\top PA + \frac{\gamma^2 - 1}{\gamma^2}\frac{A^\top PBB^\top PA}{B^\top PB} \succeq 0$$

である.これが $P \in \mathcal{P}$ について成り立つことから $\gamma > 1$ である.さらに

$$\beta := \frac{B^\top PB}{\gamma^2 - 1}$$

を導入すると

$$P - A^\top PA + \frac{A^\top PBB^\top PA}{\beta + B^\top PB} \succeq 0$$
$$\Leftrightarrow \frac{1}{\beta}P - \frac{1}{\beta}A^\top PA + \frac{1}{\beta^2}\frac{A^\top PBB^\top PA}{1 + B^\top PB/\beta} \succeq 0$$

となり,リッカチ不等式の形に帰着する.ここで,任意の正の数 β に対して $P \in \mathcal{P}$ ならば $\beta P \in \mathcal{P}$ であるから,一般性を失うことなく $\beta = 1$ を仮定する.このとき,上のリッカチ不等式の解 P は,リッカチ方程式

$$P - A^\top PA + \frac{A^\top PBB^\top PA}{1 + B^\top PB} = 0 \tag{2.50}$$

の解 $P_{\inf}$ と $P \succeq P_{\inf}$ の関係にある[8]).したがって,$\beta = B^\top PB/(\gamma^2 - 1) = 1 \Leftrightarrow \gamma = \sqrt{B^\top PB + 1}$ より

$$\gamma_{\inf} = \sqrt{B^\top P_{\inf} B + 1}$$

を得る.これを用いて $\rho_{\inf}$ を求める.システムの座標変換について ρ_P は不変であるから,プラントの不安定部分空間のみを取り出した部分システムを考える.この部分システムを可制御正準形に変換して $P_{\inf}$ を求めると,$\gamma_{\inf} = \prod_{\lambda \in \sigma(A)} |\lambda|$

となることから,$\rho_{\inf}$ が求まる(章末問題【3】).♠

対数量子化器の粗さを決めるパラメータである ρ_P について,フィードバックシステムを安定化する下限 $\rho_{\inf}$ が,プラントの不安定極の積で特徴付けられ

た。これは，有限データレート制御問題における安定化データレートの下限（定理 2.2）と同様の特徴である点は興味深い。

式 (2.49) は，$\sum_{k=0}^{\infty} u_k^2$ を評価関数とする（つまり，入力のコストのみを考える）**最適レギュレータ**（linear quadratic regulator）の設計問題に対応するリッカチ方程式である。解 $P_{\inf}$ が正定値行列となることは保証されないため，$P = P_{\inf}$ とした量子化器を用いても漸近安定化が達成できない場合がある。その場合，微小な正の実数 ε について $\sum_{k=0}^{\infty} \varepsilon x_k^\top x_k + u_k^2$ を評価関数とする最適レギュレータ設計問題を考え

$$P = A^\top PA - \frac{A^\top PBB^\top PA}{1 + B^\top PB + 1} + \varepsilon I$$

の解 $P \succ 0$ を用いることができる[4]。

2.5 DoS 攻撃のもとでの有限データレート制御

ここまで，量子化信号を用いた制御の基本的な考え方を見てきた。特に，フィードバックシステムの安定化を達成するために最低限必要となる量子化の精細さが，プラントの不安定固有値によって定まることを強調した。本節では，これらの議論を踏まえて，近年注目されているサイバー攻撃，特に DoS 攻撃を考慮した量子化器の設計問題を扱う。量子化器の構成は 2.3 節の内容に基づくが，実装を考慮してよりシンプルなものとする。具体的には，座標変換を省略し $\Phi_k = I$ ($k \in \mathbb{Z}_+$) として，量子化領域幅は A の各固有値ではなく $\|A\|_\infty$ によって決定する。多少保守的になるが，以下で見るように量子化器の構成が容易となる。また，初期状態集合 $\mathcal{X}_0$ は未知でもよいとしてズーミングアウト，ズーミングイン機構[9]を導入する。プラントは式 (2.1) で表される離散時間線形時不変システムであり，2.4 節と同様，全状態が観測可能，つまり $C = I$ とする。また，A はシュール安定でないと仮定する。もし A がシュール安定ならば，制御入力が恒等的に 0 でも，フィードバックシステムが漸近安定となるからである。

2.5.1 ズーミングアウト，ズーミングイン機構をもつ一様量子化器

まず，量子化器についてズーミングアウト，ズーミングインと呼ばれる機構を導入する．時刻 k における量子化関数を q_k とする．あとで詳しく述べるが，q_k はこれまでに量子化された測定値 $q_0(x_0), \cdots, q_{k-1}(x_{k-1})$ によって決定する．よって，q_k はエンコーダだけでなくデコーダも既知であるものとする．$B_\infty(z, r)$ を中心が z で幅が $2r$ の超立方体，すなわち次式のように定義する．

$$B_\infty(z, r) := \{x \in \mathbb{R}^n : \|x - z\|_\infty \leq r\}$$

（a）ズーミングアウト 一般に，初期状態の大きさは不明であるため，まずは状態 x_k が量子化領域に属するように，その領域を拡大する必要がある．このプロセスをズーミングアウトという．

ズーミングアウトの段階では制御入力 u_k を 0 にする．すると，状態は

$$\|x_{k+1}\|_\infty \leq \|A\|_\infty \|x_k\|_\infty$$

を満たすので，状態の無限大ノルムの増大率は $\|A\|_\infty$ 以下であることがわかる．そこで，点列 $\{\mu_k\}_{k \in \mathbb{Z}_+}$ として，例えば

$$\mu_0 = 1, \quad \mu_1 = (1 + \kappa)\|A\|_\infty, \quad \mu_2 = (1 + \kappa)^2 \|A\|_\infty^2, \cdots$$

を考える．ここで，定数 κ は正の実数であるとする．すると，ある整数 $k_0 \in \mathbb{Z}_+$ が存在して，$\|x_{k_0}\|_\infty \leq \mu_{k_0}$ が成り立つ．そこで，量子化関数 q_k を

$$q_k(x) := \begin{cases} 0, & \text{if } x \in B_\infty(0, \mu_k) \\ 1, & \text{if } x \notin B_\infty(0, \mu_k) \end{cases}$$

で定義することで，通信シンボルが 1 から 0 になったときに，状態 x の無限大ノルムの上界が得られる．また遅くとも時刻 $k = k_0$ において，通信シンボルは 0 になる．そこで，通信シンボルが初めて 1 から 0 になったときの時刻を $k = t_0$ として，$E_0 := \|A\|_\infty \mu_{t_0}$ と定義する．すると，時刻 $k = t_0 + 1$ において状態 x_{t_0+1} は

$$\|x_{t_0+1}\|_\infty \leq E_0$$

を満たすので，量子化領域を $B_\infty(0,E_0)$ とすることで，x_{t_0+1} が量子化領域に属することがわかる．

（b）ズーミングイン ズーミングアウトによって状態の無限大ノルムの上界が得られる時刻を改めて $k=0$ としよう．すなわち

$$\|x_0\|_\infty \leq E_0$$

とする．ズーミングインとは，制御を行うことで，状態が量子化領域に属するようにしながら同時に量子化領域を狭めて状態を原点に収束させるプロセスのことをいう．

時刻 $k=0$ では量子化関数をつぎのように決定する．まず，超立方体

$$B_\infty(0,E_0) = \{x \in \mathbb{R}^n : \|x\|_\infty \leq E_0\} \tag{2.51}$$

を N^n 個の等しい超立方体に分割する．そしてそれら N^n 個の超立方体のうち，x_0 が属するものの中心を量子化値 $q_0(x_0)$ とする．もし，x_0 が複数の超立方体の境界に属する場合は，どの超立方体を選んでもよいものとする．この量子化器において，状態 x_0 が式 (2.51) の領域に含まれている限り，量子化誤差 $\|x_0 - q_0(x_0)\|_\infty$ が

$$\|x_0 - q_0(x_0)\|_\infty \leq \frac{E_0}{N} \tag{2.52}$$

を満たしている．

状態フィードバックゲイン K として $A+BK$ をシュール安定とするものを選ぶ．量子化値 $q_0(x_0)$ を用いて $k=0$ における制御入力 u_0 を

$$u_0 = Kq_0(x_0)$$

とし，$k=1$ における状態の推定値 $\hat{x}_1$ を

$$\hat{x}_1 = (A+BK)q_0(x_0)$$

とする．このとき，$k=1$ における状態 x_1 は

$$x_1 = Ax_0 + BKq_0(x_0)$$

であるから，推定誤差 $x_1 - \hat{x}_1$ は

$$x_1 - \hat{x}_1 = Ax_0 + BKq_0(x_0) - (A+BK)q_0(x_0) = A[x_0 - q_0(x_0)]$$

となる．したがって，式 (2.52) より

$$\|x_1 - \hat{x}_1\|_\infty \leq \|A\|_\infty \|x_0 - q_0(x_0)\|_\infty \leq \frac{\|A\|_\infty E_0}{N}$$

を得る．そこで，$k=1$ では

$$B_\infty\left(\hat{x}_1, \frac{\|A\|_\infty E_0}{N}\right) = \left\{x \in \mathbb{R}^n : \|x - \hat{x}_1\|_\infty \leq \frac{\|A\|_\infty E_0}{N}\right\}$$

を新たな量子化領域として，$k=0$ の場合と同様に N^n 個の超立方体に分割して量子化値 $q_1(x_1)$ を生成する．すると，量子化誤差 $x_1 - q_1(x_1)$ は

$$\|x_1 - q_1(x_1)\|_\infty \leq \frac{\|A\|_\infty E_0}{N^2}$$

を満たす．$k=1$ における制御入力 u_1 と $k=2$ における状態の推定値 $\hat{x}_2$ も同様に

$$u_1 = Kq_1(x_1), \quad \hat{x}_2 = (A+BK)q_1(x_1)$$

とすると

$$\|x_2 - \hat{x}_2\|_\infty \leq \|A\|_\infty \|x_1 - q_1(x_1)\|_\infty \leq \frac{\|A\|_\infty^2 E_0}{N^2}$$

を得る．このように量子化を行うと，時刻 k において

$$\|x_k - \hat{x}_k\|_\infty \leq \frac{\|A\|_\infty^k E_0}{N^k}$$

が成り立つ．したがって N が $N > \|A\|_\infty$ を満たしているならば，量子化領域

$$B_\infty\left(\hat{x}_k, \frac{\|A\|_\infty^k E_0}{N^k}\right)$$

に状態 x_k が属しつつ,さらにその領域は時間が経つにつれて縮小していくことがわかる.一方で,状態 x_k は

$$x_{k+1} = (A+BK)x_k - BK[x_k - q_k(x_k)]$$

と書けることに注意する.上式右辺の第 2 項目は量子化誤差に対応し,$k \to \infty$ で 0 に収束する一方,$A+BK$ がシュール安定であるので,状態 x_k は原点に収束することが予想される.実際,以下の**定理 2.6** が成り立つ.

定理 2.6

ズーミングイン機構における 1 次元当りの量子化レベル数 N が奇数で

$$N > \|A\|_\infty \tag{2.53}$$

を満たすとする.このとき,上で述べたズーミングアウト,ズーミングイン機構に基づく量子化制御を行うことでフィードバックシステムは漸近安定となる.

証明 まずは原点への収束性を示す.量子化誤差 $x_k - q_k(x_k)$ は,上で述べた議論から

$$\|x_k - q_k(x_k)\|_\infty \leq \frac{E_0}{N}\left(\frac{\|A\|_\infty}{N}\right)^k, \quad \forall k \in \mathbb{Z}_+ \tag{2.54}$$

であることがわかる.さらに $A+BK$ がシュール安定であるから,ある $\Omega \geq 1$ と $\gamma \in (\|A\|_\infty/N, 1)$ が存在して

$$\|(A+BK)^k\|_\infty \leq \Omega\gamma^k, \quad \forall k \in \mathbb{Z}_+ \tag{2.55}$$

が成り立つ.状態 x_{k+1} は

$$x_{k+1} = (A+BK)x_k - BK[x_k - q_k(x_k)]$$
$$= (A+BK)^{k+1}x_0 - \sum_{\ell=0}^{k}(A+BK)^{k-\ell}BK[x_\ell - q_\ell(x_\ell)]$$

を満たす.したがって

$$\|x_{k+1}\|_\infty \leq \|(A+BK)^{k+1}\|_\infty \|x_0\|_\infty$$
$$+ \sum_{\ell=0}^{k} \|(A+BK)^{k-\ell}\|_\infty \|BK\|_\infty \|x_\ell - q_\ell(x_\ell)\|_\infty$$

となる.上式に式 (2.54),(2.55) を代入すると

$$\|x_{k+1}\|_\infty \leq \left[\Omega \gamma^{k+1} + \frac{\Omega \|BK\|_\infty}{N}(k+1)\gamma^k \right] E_0 \qquad (2.56)$$

を得る.ここで,任意の $\rho > 0$ に対して,ある定数 $\alpha \geq 1$ が存在して

$$k\gamma^k \leq \alpha(\gamma + \rho)^k, \quad \forall k \in \mathbb{Z}_+ \qquad (2.57)$$

が成り立つ.そのため $\rho > 0$ を,$\gamma + \rho < 1$ を満たすように選ぶことで,式 (2.56) より,状態 x_k は原点に収束することがわかる.なお,式 (2.57) は $k=0$ で成り立つことは明らかであり,また,$k \in \mathbb{N}$ に対しては両辺の自然対数を考えるとよい.実際

$$\ln \left(k\gamma^k \right) = \ln k + k \ln \gamma$$
$$\ln \left[\alpha(\gamma+\rho)^k \right] = \ln \alpha + k \ln(\gamma + \rho)$$

であり,ln の単調性から,ある $\beta > 0$ が存在して,$\ln(\gamma + \rho) = \ln \gamma + \beta$ と書ける.さらに,ある $k_0 \in \mathbb{N}$ が存在して

$$\beta k > \ln k, \quad \forall k \geq k_0$$

である.よって,$\alpha := k_0$ とおくと

$$[\ln \alpha + k \ln(\gamma + \rho)] - (\ln k + k \ln \gamma)$$
$$= \ln k_0 + \beta k - \ln k \geq 0, \quad \forall k \in \mathbb{N}$$

となる.したがって,このとき

$$\ln \left(k\gamma^k \right) \leq \ln \left[\alpha(\gamma+\rho)^k \right]$$

である.この不等式と ln の単調性から式 (2.57) を得る.

つぎにリアプノフ安定性を示す.これまでは,ズーミングアウトによって状態の無限大ノルムの上界が得られる時刻を改めて $k=0$ としていたが,リアプノフ

安定性を示す際は，ズーミングアウトの開始時刻を $k=0$ とする．

ズーミングアウトを行う際に用いる点列 $\{\mu_k\}_{k\in\mathbb{Z}_+}$ に対して，$\delta > 0$ が

$$\delta \leq \mu_0 \tag{2.58}$$

を満たしているならば，$k=0$ で通信シンボルは 0 となり，$k=1$ からズーミングインを開始することができ，かつ

$$\|x_1\|_\infty \leq \|A\|_\infty \mu_0 =: E_0$$

を得る．また，式 (2.56)，(2.57) と同様の議論で，ある $\alpha > 0$ が存在して

$$\|x_{k+1}\|_\infty \leq \left[\Omega\gamma^k + \frac{\Omega\|BK\|_\infty}{N}\alpha(\gamma+\rho)^{k-1}\right]E_0$$

であることがわかる．ここで，γ は $\gamma < 1$ であり，さらに $\rho > 0$ は $\gamma + \rho < 1$ を満たすように選ぶことができる．よって，任意の $\varepsilon > 0$ に対して，ある $k_0 \in \mathbb{N}$ が存在して

$$\|x_k\|_\infty < \varepsilon, \quad \forall k > k_0 \tag{2.59}$$

となる．また，1 次元当りの量子化レベル数 N が奇数であるので，$\delta > 0$ が

$$\|A\|_\infty^{k_0}\delta \leq \frac{\|A\|_\infty^{k_0-1}E_0}{N^{k_0-1}}\frac{1}{N} \tag{2.60}$$

を満たすならば，x_k は任意の $k = 1, \cdots, k_0$ において

$$B_\infty\left(0, \frac{\|A\|_\infty^{k-1}E_0}{N^{k-1}}\right)$$

を N^n 等分した中心の超立方体に含まれる．したがって

$$q_k(x_k) = 0, \quad \forall k = 1, \cdots, k_0$$

であり，その結果，制御入力 u_k もまた

$$u_k = Kq_k(x_k) = 0, \quad \forall k = 1, \cdots, k_0$$

を満たす．そのため，さらに $\delta > 0$ が

$$\|A\|_\infty^{k_0}\delta < \varepsilon \tag{2.61}$$

を満たすならば

$$\|x_k\|_\infty < \varepsilon, \quad \forall k = 1, \cdots, k_0 \tag{2.62}$$

を得る．以上をまとめると，もし $\delta > 0$ が式 (2.58), (2.60), (2.61) をすべて満たすほど十分小さければ，状態 x_k に対して式 (2.59), (2.62) が成り立つ．したがって，フィードバックシステムはリアプノフ安定である． ♠

例 2.2 つぎの二次システムを考える．

$$\begin{bmatrix} x_{k+1}^{\langle 1 \rangle} \\ x_{k+1}^{\langle 2 \rangle} \end{bmatrix} = \begin{bmatrix} -2 & 1 \\ -3 & 1 \end{bmatrix} \begin{bmatrix} x_k^{\langle 1 \rangle} \\ x_k^{\langle 2 \rangle} \end{bmatrix} + \begin{bmatrix} 1 \\ -1 \end{bmatrix} u_k$$

このプラントに対して，フィードバックゲイン

$$K = \begin{bmatrix} 0.5 & -0.5 \end{bmatrix}$$

を用いて，ズーミングアウト，ズーミングインによる量子化制御を行う．図 **2.12** は，初期状態 $x_0 = [-4 \ \ 6]^\top$ に対する状態 $x_k = [x_k^{\langle 1 \rangle} \ \ x_k^{\langle 2 \rangle}]^\top$ の時間応答を示している．四角印（□）が $x_k^{\langle 1 \rangle}$，丸印（●）が $x_k^{\langle 2 \rangle}$ の時間応答である．ズーミングアウト時のパラメータ μ_k は

$$\mu_0 = 1, \quad \mu_1 = 1.1 \|A\|_\infty, \quad \mu_1 = 1.1^2 \|A\|_\infty^2, \cdots$$

とした．また $\|A\|_\infty = 4$ であるから，1 次元当りの量子レベル数 N を

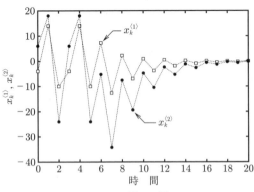

図 **2.12** 状態 $x_k = [x_k^{\langle 1 \rangle} \ \ x_k^{\langle 2 \rangle}]^\top$ の時間応答

$N=11$ とした.このとき,$k=3$ まではズーミングアウト,$k=4$ からはズーミングインとなり,実際,図 2.12 を観察すると,$k=4$ から制御が行われていることが確認できる.

2.5.2 DoS 攻撃によるパケットロスのモデル化

通信路が **Denial of Service(DoS)攻撃**を受けることで,攻撃者によって意図的にパケットロス(packet loss)が引き起こされる状況をここでは考える.区間 $[0,k)$ においてパケットロスが起きた時間ステップの数を $\Phi(k)$ と表すことにする.より詳細には

$$\chi_k := \begin{cases} 0, & \text{パケットロスが起きなかった場合} \\ 1, & \text{パケットロスが起きた場合} \end{cases}$$

として

$$\Phi(k) := \sum_{\ell=0}^{k-1} \chi_k$$

と定義する.攻撃者は,ジャミングを行うためのエネルギーが制限されていたり,攻撃を検知されることを防ぐために,パケットロスをすべての時間ステップでは起こさないものとする.これを考慮するために,文献 10),11) では $\Phi(k)$ に関する条件をパケットロスに課している(**仮定 2.2**).

仮定 2.2

ある $\Pi \geqq 0$ と $\nu \in (0,1)$ が存在して

$$\Phi(k) \leq \Pi + \nu k, \quad \forall k \in \mathbb{Z}_+ \tag{2.63}$$

が成り立つ.

式 (2.63) は,区間 $[0,k)$ において,せいぜい $N + \nu k$ 回しかパケットロスが

起きないことを意味する。さらに

$$\limsup_{k\to\infty} \frac{\Phi(k)}{k} \leq \nu$$

であるので，kが十分大きいときにパケットロスが起きる割合はせいぜいνであることもわかる。

このようなパケットロスが起きるフィードバックシステムに対して，ズーミングインによる量子化制御を考える。ここでは，簡単化のために初期状態x_0の大きさがあらかじめわかっているものとする。すなわち

$$\|x_0\|_\infty \leq E_0 \tag{2.64}$$

を満たす$E_0 \geq 0$が既知であるものとする。パケットロスが起こる場合であっても，ズーミングアウト機構を適用することで，このようなE_0を得ることが可能である。ズーミングインの段階では量子化値$q_k(x_k)$を用いて推定値$\hat{x}_k$を適宜更新していたが，パケットロスが起きるかどうかで，推定値$\hat{x}_k$の更新則を変化させなくてはならない。ここではつぎの更新則を用いる。

$$\hat{x}_{k+1} = \begin{cases} Aq_k(x_k) + Bu_k, & \text{パケットロスが起きなかった場合} \\ A\hat{x}_k + Bu_k, & \text{パケットロスが起きた場合} \end{cases} \tag{2.65}$$

$$u_k = K\hat{x}_k, \quad \hat{x}_0 = 0$$

つまり，パケットロスが起きなかった場合は，量子化値$q_k(x_k)$を用いて推定値$\hat{x}_k$を更新するが，パケットロスが起きた場合には，保持していた過去の推定値を用いて更新を行う。

このときの推定誤差$e_k := x_k - \hat{x}_k$のダイナミクスは

$$e_{k+1} = \begin{cases} A[x_k - q_k(x_k)], & \text{パケットロスが起きなかった場合} \\ Ae_k, & \text{パケットロスが起きた場合} \end{cases}$$

である。ここで，時刻kにおいて$\|e_k\|_\infty \leq E_k$を満たす$E_k \geq 0$が得られていると仮定しよう。この条件を満たすE_kが得られているならば，量子化領域

2.5 DoS攻撃のもとでの有限データレート制御

$B_\infty(\hat{x}_k, E_k)$

を N^n 個の超立方体に分割することで，量子化値 $q_k(x_k)$ を生成することができる．量子化誤差 $x_k - q_k(x_k)$ が

$$\|x_k - q_k(x_k)\|_\infty \leq \frac{E_k}{N}$$

と与えられることに注意して，$E_{k+1} \geq 0$ を

$$E_{k+1} := \begin{cases} \dfrac{\|A\|_\infty E_k}{N}, & \text{パケットロスが起きなかった場合} \\ \|A\|_\infty E_k, & \text{パケットロスが起きた場合} \end{cases} \tag{2.66}$$

と定義することで，E_{k+1} は $\|e_{k+1}\|_\infty \leq E_{k+1}$ を満たす．このようにすることで逐次的に推定誤差の上界を求めることができる．

ここで，注意事項が二つある．一つ目は初期状態に関する仮定 (2.64) から $\|e_0\| \leq E_0$ となることである．二つ目は式 (2.66) のように E_{k+1} を更新するためには，パケットロスが起きたかどうか知っていなければならないということである．もちろん，コントローラ側に存在するデコーダは測定値が送信されてきたかどうかで判定できるが，プラント側に存在するエンコーダは，そのままではパケットロスが起きたかどうかを判定できない．ここではデコーダからエンコーダに ACK 信号を送信することで，パケットロスが起きたかどうかをエンコーダも判定できるものと仮定する．

つぎの**定理 2.7** は，式 (2.66) のように E_k を更新したときに，フィードバックシステムが安定となるためにパケットロスの $\Phi(k)$ が満たすべき十分条件を述べたものである．

定理 2.7

式 (2.65) で与えられるコントローラと式 (2.66) のように更新する E_k を考える．パケットロスに関して仮定 2.2 が成り立っており，さらに初期状態 x_0 が $\|x_0\|_\infty \leq E_0$ を満たすとする．もし，1次元当りの量子化レベル数 N と式 (2.63) の ν が

$$N > \|A\|_\infty \tag{2.67}$$

$$\nu < \frac{\ln N - \ln \|A\|_\infty}{\ln N} \tag{2.68}$$

を満たすならば，$\lim_{k\to\infty} x_k = 0$ が成り立つ．

証明 式 (2.66) のように E_k を更新すると，仮定 (2.63) より

$$E_k = \left(\frac{\|A\|_\infty}{N}\right)^{k-\Phi(k)} \|A\|_\infty^{\Phi(k)} E_0 \leqq N^\Pi \left(\frac{\|A\|_\infty}{N^{1-\nu}}\right)^k E_0$$

と書ける．さらに，条件 (2.68) は

$$\frac{\|A\|_\infty}{N^{1-\nu}} < 1$$

と同値であるため，ある $\Omega \geqq 1$ と $\gamma \in (0,1)$ が存在して

$$E_k \leqq \Omega \gamma^k, \quad \forall k \in \mathbb{Z}_+$$

が成り立つ．ここで

$$\|x_k - q_k(x_k)\|_\infty \leqq \frac{E_k}{N}$$

であることに注意すると，残りの証明は定理 2.6 の原点への収束の証明と同じであるため，省略する． ♠

定理 2.7 より，任意の $\nu \in (0,1)$ に対して，十分に量子化レベル数 $N \in \mathbb{N}$ を大きくすることで，フィードバックシステムの安定性を保証できることがわかる．これはコントローラ側でも状態推定を行っているため，パケットロスが起きたとしても量子化誤差が小さければ，実際の状態に近い値を制御に用いることができるからである．最後に上の量子化制御の数値例を示す（**例 2.3**）．

例 2.3 以下の二次システム

$$\begin{bmatrix} x_{k+1}^{\langle 1 \rangle} \\ x_{k+1}^{\langle 2 \rangle} \end{bmatrix} = \begin{bmatrix} 2 & -2 \\ -1 & 3 \end{bmatrix} \begin{bmatrix} x_k^{\langle 1 \rangle} \\ x_k^{\langle 2 \rangle} \end{bmatrix} + \begin{bmatrix} 0 \\ 1 \end{bmatrix} u_k$$

に対して，式 (2.65)，(2.66) に基づく量子化制御を行う．ここで，フィードバックゲイン K は

$$K = \begin{bmatrix} 2.5 & -4.5 \end{bmatrix}$$

を用いる．1次元当りの量子レベル数 N を $N = 11$ とすると，定理 2.7 より，$\nu = 0.4219$ ならばフィードバックシステムが安定であることがわかる．図 **2.13** は，初期状態 $x_0 = [1 \ \ 2]^\top$ の状態 x_k の時間応答を示している．四角印（□）が $x_k^{\langle 1 \rangle}$，丸印（●）が $x_k^{\langle 2 \rangle}$ の応答である．パケットロスは，$\Phi(k)$ が $(N, \nu) = (1, 0.4)$ とした式 (2.63) を満たすものを選んでいる．式 (2.65)，(2.66) に基づく量子化制御では，パケットロスに伴い量子化領域が拡大する．そのため，パケットロスが終わった後であっても量子化誤差は大きいままとなる．その結果，図のようにパケットロスが起きた後も状態が振動してしまう．

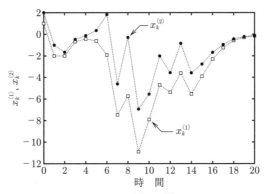

図 **2.13** 状態 $x_k = [x_k^{\langle 1 \rangle} \ \ x_k^{\langle 2 \rangle}]^\top$ の時間応答
（パケットロスは $k = 3, 4, 5, 7, 10, 12$ で起きている）

章 末 問 題

【1】 2.3節で時不変としていたデータレート R および量子化レベル数 $\bar{N}$ を時変に拡張

すると，定理 2.3 のデータレート限界より平均の意味で小さいデータレートで安定化を達成できる．時刻 k の量子化レベル数を $\bar{N}_k = [N_k^{\langle 1 \rangle} \; N_k^{\langle 2 \rangle} \; \cdots \; N_k^{\langle n \rangle}]^\top \in \mathbb{N}^n$，これに対応するデータレートを $R_k = \sum_{i=1}^{n} \log_2 N_k^{\langle i \rangle}$ として，2.3.4 項を参考に平均データレート $\lim_{k_f \to \infty} \frac{1}{k_f} \sum_{k=0}^{k_f - 1} R_k$ に関する以下の命題を示せ．

任意の $R > \sum_{\lambda \in \sigma(A), |\lambda| \geq 1} \log_2 |\lambda|$ について，プラント (2.1) を含むフィードバックシステムを漸近安定化し，平均データレートが R に等しいエンコーダ (2.10) とコントローラ (2.11) が存在する．

【2】 2.3 節の問題設定で，エンコーダ出力が通信途中でロスし，コントローラへ正しく伝達されないパケットロスが発生しうる場合を考える[12]．パケットロスの発生は確率 $p \in [0, 1)$ の独立同分布に従うとし，式 (2.2) の 1 次元システムを例に $\lim_{k \to \infty} E[x_k^2] = 0$ となるために最低限必要なデータレート，パケットロス確率の条件を示せ．ただし，初期状態 x_0 は $|x_0| \leq E_0$ を満たし，時刻 k における通信でパケットロスが発生したか否かは，時刻 $k+1$ までに ACK 信号によってエンコーダ側へフィードバックされ，エンコーダ側ではデコーダとコントローラのパケット受信状況を確実に知ることができるとする．

【3】 定理 2.5 の $P_{\inf}$ は，評価関数を $\sum_{k=0}^{\infty} u_k^2$ とする最適レギュレータ設計問題に対応するリッカチ方程式 (2.49) の解である．これを用いて定理 2.5 の証明を完成させよ．

【4】 外乱 w_k を含むつぎの離散時間線形時不変システム

$$x_{k+1} = Ax_k + Bu_k + w_k$$

を考える．ここで，初期状態 x_0 は $\|x_0\|_\infty \leq E_0$ を満たし，さらに外乱 w_k に対してある $\varepsilon > 0$ が存在して，$\sup_{k \in \mathbb{Z}_+} \|w_k\| \leq \varepsilon$ が成り立つとする．このシステムに対して 2.5.1 項で述べたズーミングイン機構を拡張し，$k \to \infty$ において x_k がどのように振る舞うか調べよ．

3 イベントトリガ制御

3.1 状態フィードバックイベントトリガ制御

3.1.1 イベントトリガ制御の基本的な考え方

まず,イベントトリガ制御 (event-triggered control)[†] の基礎となるアイディアを,簡単なシステムを用いて説明する。

以下の連続時間線形時不変システムを考える。

$$\frac{dx}{dt}(t) = Ax(t) + Bu(t), \quad t \geq 0 \tag{3.1}$$

ここで,$x(t) \in \mathbb{R}^n$ と $u(t) \in \mathbb{R}^m$ はそれぞれ時刻 t におけるシステムの状態と入力を表し,A, B は実行列とする。そして,このシステムに対して,ゲイン $K \in \mathbb{R}^{m \times n}$ を用いた状態フィードバック制御

$$u(t) = Kx(t) \tag{3.2}$$

を行うことで,フィードバックシステム

$$\frac{dx}{dt}(t) = Ax(t) + BKx(t) \tag{3.3}$$

が安定,つまり,任意の初期状態 $x(0)$ に対して,$\lim_{t \to \infty} x(t) = 0$ が成り立つと仮定する。

[†] 本書では「イベントトリガ制御」という呼称を用いるが,ほかにも「イベントトリガ型制御」,「イベント駆動型制御」,「事象駆動型制御」と呼ぶことがある。

3. イベントトリガ制御

ここで問題にしたい点は，ディジタル通信路を用いる場合，制御則 (3.2) で用いる測定値 $x(t)$ をすべての時刻 $t \geqq 0$ においてコントローラに送信し続けることはできないという点である．そのため，従来のサンプル値制御の枠組みでは，周期的に測定値を送信していた[1]．周期的なサンプリング，制御信号の更新は実装が容易であり，さらに離散時間化した際に時不変性も担保されるため理論的にも取り扱いやすく，リフティング[2]を中心にこれまでにさまざまな手法が考案されてきた．

しかし，周期的に送信を行う場合，ほとんど状態の値が変化しないにもかかわらず，状態を送信する可能性がある．このような場合，例えば，式 (3.2) によって得られる制御入力はそれほど変化しないため，その状態の送信が制御の観点からあまり意味があるとはいえないであろう．近年，再生可能エネルギーや燃料電池などをエネルギー源としたセンサが制御システムにも利用される機会が増え，センサが利用可能なエネルギーに制限がある．そのため，通信リソースの観点だけでなく，消費エネルギーをなるべく抑えるために不必要な送信を行わない制御が注目を集めている．図 **3.1** に示すイベントトリガ制御システム[3]～[6]もそのような制御技術の一つであり，あらかじめ設定した指標を満たしたとセンサが判定したときだけ，センサから測定値が送られる．ここでは，最も基本的な制御目的である安定性を例に挙げて説明する．

センサが状態 $x(t)$ をコントローラに送信するための条件としてまず思いつくものは，直前に送信した状態と現在の状態の差が大きくなった場合，というものである．直前に状態を送信した時刻を t_k（下添え字の k は k 回目の送信時刻

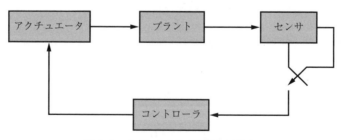

図 **3.1** イベントトリガ制御システム

3.1 状態フィードバックイベントトリガ制御

であることを示す).現在の時刻を $t \geq t_k$ とおくと,これらの時刻における状態の誤差 $e(t)$ は

$$e(t) := x(t_k) - x(t)$$

と書ける。この誤差 $e(t)$ があらかじめ設定した値よりも大きくなったときに新しく状態を送信することにしよう。例えば,状態 $x(t)$ との相対的な誤差を扱う場合,誤差 $e(t)$ が

$$\|e(t)\| > \sigma \|x(t)\| \tag{3.4}$$

を満たしたとき,状態の送信を行えばよい。式 (3.4) のような条件のことを**イベントトリガ条件** (event-triggering condition) と呼ぶ。ここで,しきい値 $\sigma > 0$ はイベントトリガの設計パラメータであり,この値が大きい場合はあまり送信が行われず,小さい場合は頻繁に測定値が送信される。時刻 t_k のつぎの送信時刻 t_{k+1} は以下のように記述できる。

$$t_{k+1} := \inf\{t > t_k : \|e(t)\| > \sigma\|x(t)\|\} \tag{3.5}$$

ただし,本章では $t_0 := 0$ とし,コントローラは初期状態 $x(0)$ を既知とする。

このように送信時刻 $\{t_k\}_{k \in \mathbb{Z}_+}$ を決定すると

$$\|e(t)\| \leq \sigma \|x(t)\|, \quad \forall t \geq 0 \tag{3.6}$$

が成り立つ。よって,このイベントトリガ制御において,最後に送信された状態と現在の状態の相対誤差が,あらかじめ指定した範囲に収まっている。

送信時刻 $\{t_k\}_{k \in \mathbb{Z}_+}$ がどのようなものになるかは,いったん保留しておいて,まずはイベントトリガ則 (3.5) を用いた場合のフィードバックシステムの安定性を解析しよう。イベントトリガ則 (3.5) を用いる場合,つぎの送信時刻まではプラントから新しい状態が送信されないため,従来のサンプル値制御同様,送信時刻間で制御入力は一定であるとする。つまり

$$u(t) = Kx(t_k), \quad \forall t \in [t_k, t_{k+1}) \tag{3.7}$$

とする。これをプラントのダイナミクス (3.1) に代入すると

$$\frac{dx}{dt}(t) = Ax(t) + BKx(t_k)$$
$$= Ax(t) + BKx(t) + BK[x(t_k) - x(t)]$$
$$= (A + BK)x(t) + BKe(t), \quad \forall t \in [t_k, t_{k+1})$$

を得る。

安定性解析のためのリアプノフ関数を構成する。フィードバックシステム (3.3) が安定であるので，式 (3.8) に示す**リアプノフ方程式** (Lyapunov equation) を満たす正定値行列 $P \in \mathbb{R}^{n \times n}$ が存在する。

$$(A + BK)^\top P + P(A + BK) = -I_n \tag{3.8}$$

この正定値行列 P を用いて，二次形式 V を

$$V(x) := x^\top Px, \quad \forall x \in \mathbb{R}^n$$

で定義する。このとき

$$\begin{aligned}\frac{d}{dt}V(x(t)) &= \left[\frac{dx}{dt}(t)\right]^\top Px(t) + x(t)^\top P\frac{dx}{dt}(t) \\ &= [(A + BK)x(t) + BKe(t)]^\top Px(t) \\ &\quad + x(t)^\top P[(A + BK)x(t) + BKe(t)] \\ &= -\|x(t)\|^2 + 2x(t)^\top PBKe(t)\end{aligned} \tag{3.9}$$

が成り立つ。さらに，$e(t)$ は式 (3.6) を満たすので

$$|x(t)^\top PBKe(t)| \leq \|PBK\| \cdot \|x(t)\| \cdot \|e(t)\| \leq \sigma\|PBK\| \cdot \|x(t)\|^2$$

を得る。したがって

$$\frac{d}{dt}V(x(t)) \leq -(1 - 2\sigma\|PBK\|)\|x(t)\|^2$$

であることがわかる。ここで，イベントトリガの設計パラメータ $\sigma > 0$ が

$$\sigma < \frac{1}{2\|PBK\|}$$

を満たすとしよう．このとき

$$\gamma_0 := 1 - 2\sigma\|PBK\| > 0$$

とすると，最大固有値 $\lambda_{\max}(P)$ と最小固有値 $\lambda_{\min}(P)$ を用いて

$$\lambda_{\min}(P)\|x\|^2 \leq V(x) \leq \lambda_{\max}(P)\|x\|^2, \quad \forall x \in \mathbb{R}^n$$

であるから

$$\frac{d}{dt}V(x(t)) \leq -\gamma_0\|x(t)\|^2 \leq -\frac{\gamma_0}{\lambda_{\max}(P)}V(x(t))$$

となる．したがって，$\gamma := \gamma_0/\lambda_{\max}(P)$ とおくと

$$\|x(t)\|^2 \leq \frac{V(x(t))}{\lambda_{\min}(P)} \leq \frac{e^{-\gamma t}V(x(0))}{\lambda_{\min}(P)} \leq e^{-\gamma t}\frac{\lambda_{\max}(P)}{\lambda_{\min}(P)}\|x(0)\|^2$$

である．したがって，イベントトリガ制御によってフィードバックシステムが安定化されていることがわかる．以上をまとめると，**定理 3.1** を得る．

定理 3.1

プラント (3.1) と状態フィードバック制御 (3.7)，イベントトリガ則 (3.5) を考える．もし，リアプノフ方程式 (3.8) の正定解 P が存在して，イベントトリガの設計パラメータ $\sigma > 0$ が

$$\sigma < \frac{1}{2\|PBK\|}$$

を満たしているならば，フィードバックシステムは安定である．

定理 3.1 の十分条件は，フィードバックゲイン K が大きければ，イベントトリガの設計パラメータ σ を小さくしなければならない，すなわち，状態 $x(t)$ を多く送信しなければならないことを意味している．

イベントトリガ制御において制御性能の達成と同じくらい重要なことは,送信時刻 $\{t_k\}_{k\in\mathbb{Z}_+}$ が $\inf_{k\in\mathbb{Z}_+}(t_{k+1}-t_k) > 0$ を満たすことである.もし $\inf_{k\in\mathbb{Z}_+}(t_{k+1}-t_k) = 0$ となってしまうと,短い時間で無限回状態を送信しなければならない可能性があり,ディジタル機器での実装は困難となる.しかし,つぎの**定理 3.2**[7] によって,線形時不変システム (3.1) と状態フィードバック制御 (3.7) に関しては,送信時刻の差の下限が正であることが示される.

定理 3.2

プラント (3.1) と状態フィードバック制御 (3.7) を考える.イベントトリガ則 (3.5) の任意の設計パラメータ $\sigma > 0$ に対して,ある $\tau_{\min} > 0$ が存在して

$$t_{k+1} - t_k \geq \tau_{\min}, \quad \forall k \in \mathbb{Z}_+ \tag{3.10}$$

が成り立つ.

証明 微分方程式

$$\frac{dx}{dt}(t) = Ax(t) + BKx(0) \tag{3.11}$$

の解 $x(t)$ とその初期値 $x(0)$ との差 $e(t) = x(0) - x(t)$ を考える.もし,任意の $\varepsilon > 0$ に対して,ある $\delta > 0$ が存在して

$$\|e(t)\| \leq \varepsilon\|x(t)\|, \quad \forall t \in [0, \delta]$$

ならば,式 (3.10) を満たす $\tau_{\min} > 0$ が存在することは明らかであろう.実際,$\varepsilon > 0$ として設計パラメータ $\sigma > 0$ を取ると,上式を満たす $\delta > 0$ が存在すれば,送信時刻 $\{t_k\}_{k\in\mathbb{Z}_+}$ の定義 (3.5) より,$\tau_{\min} \geq \delta$ となる.

微分方程式 (3.11) の解 $x(t)$ は

$$x(t) = e^{At}x(0) + \int_0^t e^{A(t-s)}BKx(0)ds \tag{3.12}$$

と書けるので,誤差 $e(t) = x(0) - x(t)$ は

$$e(t) = \left(I_n - e^{At}\right)x(0) - \int_0^t e^{A(t-s)}BKx(0)ds$$

3.1 状態フィードバックイベントトリガ制御

$$= \left[\left(I_n - e^{At}\right) - \int_0^t e^{A(t-s)}BKds \right] x(0)$$

となる．この式から

$$\|e(t)\| \leqq \left\| \left(I_n - e^{At}\right) - \int_0^t e^{A(t-s)}BKds \right\| \cdot \|x(0)\| \tag{3.13}$$

であることがわかる．ここで，$\|x(0)\|$ の係数である

$$\left\| \left(I_n - e^{At}\right) - \int_0^t e^{A(t-s)}BKds \right\|$$

に着目する．まず第 1 項目について

$$\lim_{t \to 0} \left(I_n - e^{At}\right) = 0$$

が成り立つ．さらに，第 2 項目についても

$$\lim_{t \to 0} \int_0^t e^{A(t-s)}BKds = \lim_{t \to 0} \int_0^t e^{As}BKds = 0$$

である．最後にノルムの連続性を用いることで

$$\lim_{t \to 0} \left\| \left(I_n - e^{At}\right) - \int_0^t e^{A(t-s)}BKds \right\| = 0 \tag{3.14}$$

であることがわかる．式 (3.13) に式 (3.14) を代入することで，任意の $\varepsilon > 0$ に対して，ある $\delta_1 > 0$ が存在して

$$\|e(t)\| < \varepsilon \|x(0)\|, \quad \forall t \in [0, \delta_1] \tag{3.15}$$

が成り立つ．

また，式 (3.12) から

$$x(t) = \left(e^{At} + \int_0^t e^{A(t-s)}BKds \right) x(0)$$

である．そして

$$\lim_{t \to 0} \left(e^{At} + \int_0^t e^{A(t-s)}BKds \right) = I_n$$

であることに注意すると，任意の $\varepsilon > 0$ に対して，ある $\delta_2 > 0$ が存在して，すべての $t \in [0, \delta_2]$ に関し，逆行列

$$\left(e^{At} + \int_0^t e^{A(t-s)} BK ds\right)^{-1}$$

が存在し，そのノルムは

$$\left\|\left(e^{At} + \int_0^t e^{A(t-s)} BK ds\right)^{-1}\right\| < 1 + \varepsilon$$

を満たす。したがって

$$\|x(0)\| < (1+\varepsilon)\|x(t)\|, \quad \forall t \in [0, \delta_2] \tag{3.16}$$

となる．式 (3.15) と式 (3.16) を組み合わせることで，$\delta := \min\{\delta_1, \delta_2\}$ としたとき

$$\|e(t)\| < \varepsilon(1+\varepsilon)\|x(t)\|, \quad \forall t \in [0, \delta]$$

を得る．ここで，ε は任意の正の実数であったから，誤差 $e(t)$ が冒頭で述べた条件を満たす． ♠

例 3.1 つぎのような二次システムを考える。

$$\frac{dx}{dt}(t) = \begin{bmatrix} 0 & 1 \\ -2 & 2 \end{bmatrix} x(t) + \begin{bmatrix} 0 \\ 1 \end{bmatrix} u(t)$$

このプラントをフィードバックゲイン K

$$K = \begin{bmatrix} 1 & -3 \end{bmatrix}$$

とイベントトリガ則 (3.5) によって制御することを考える．初期状態 $x(0)$ を $x(0) = \begin{bmatrix} 1 & 1 \end{bmatrix}^\top$ とする．定理 3.1 よりイベントトリガの設計パラメータ σ が $0 < \sigma < 0.141$ を満たすときに，フィードバックシステムが安定であることがわかる．特に $\sigma = 0.10$ としたときの $\|x(t)\|$ と送信時間の差 $t_{k+1} - t_k$ を示した図が図 3.2 と図 3.3 である．イベントトリガ制御による応答を示したものが破線（- -）および四角印（■）である．一方，実線（—）および丸印（●）は $t_{k+1} - t_k = 0.05\ (k \in \mathbb{Z}_+)$ としたときの，通常

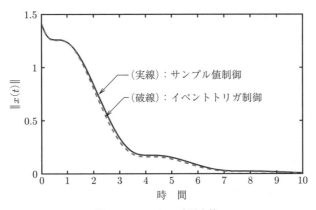

図 3.2　$\|x(t)\|$ の時間応答

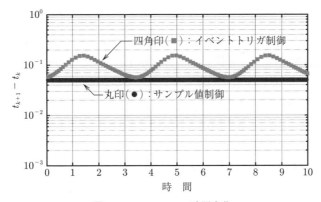

図 3.3　$t_{k+1} - t_k$ の時間変化

のサンプル値制御による応答である．サンプリング周期 0.05 のサンプル値制御応答とイベントトリガ制御による応答はほとんど差がない一方で，送信回数はイベントトリガ制御のほうが少ないことが観測される．

3.1.2　一般的なイベントトリガ条件と安定性解析

これまで，誤差 $e(t) = x(t_k) - x(t)$ を用いたイベントトリガ条件として

$$\|e(t)\| > \sigma \|x(t)\|$$

を考えていた．しかし，例えば状態 $x(t)$ の一部の要素を重要視したい場合などは，上のイベントトリガ条件ではなく，各要素に重み付けしたイベントトリガ条件を採用すべきである．そのため本項では，正定値行列 $\Omega \in \mathbb{R}^{n \times n}$ と正の実数 σ を用いた，式 (3.17) で表されるイベントトリガ条件を考える．

$$e(t)^\top \Omega e(t) > \sigma^2 x(t)^\top \Omega x(t) \tag{3.17}$$

このとき，送信時刻 $\{t_k\}_{k \in \mathbb{Z}_+}$ は

$$t_{k+1} := \inf\{t > t_k : e(t)^\top \Omega e(t) > \sigma^2 x(t)^\top \Omega x(t)\} \tag{3.18}$$

となる．

3.1.1 項では $\Omega = I_n$ という特殊な場合を考えていたことになる．まずは，この一般的なイベントトリガ条件でも任意の $k \in \mathbb{Z}_+$ に対して，$t_{k+1} - t_k \geq \tau_{\min}$ を満たす送信時刻の差の下限 $\tau_{\min} > 0$ が存在するかどうかを確認する．線形時不変なプラント (3.1) と状態フィードバック制御 (3.7) の場合，以下のように定理 3.2 を用いて簡単に証明できる．

任意のベクトル $v \in \mathbb{R}^n$ に対して

$$\lambda_{\min}(\Omega)\|v\|^2 \leq v^\top \Omega v \leq \lambda_{\max}(\Omega)\|v\|^2 \tag{3.19}$$

が成り立つことに注意すると

$$\lambda_{\min}(\Omega)\|e(t)\|^2 \leq e(t)^\top \Omega e(t)$$

かつ

$$\sigma^2 x(t)^\top \Omega x(t) \leq \sigma^2 \lambda_{\max}(\Omega)\|x(t)\|^2$$

であることがわかる．したがって，もし

$$\lambda_{\min}(\Omega)\|e(t)\|^2 > \sigma^2 \lambda_{\max}(\Omega)\|x(t)\|^2$$

すなわち

3.1 状態フィードバックイベントトリガ制御

$$\|e(t)\| > \sigma\sqrt{\frac{\lambda_{\max}(\Omega)}{\lambda_{\min}(\Omega)}}\|x(t)\| \tag{3.20}$$

が成り立たないならば，イベントトリガ条件 (3.17) を満たさないことがわかる．一方，Ω が正定値行列なので，条件 (3.20) において

$$\sigma\sqrt{\frac{\lambda_{\max}(\Omega)}{\lambda_{\min}(\Omega)}} > 0$$

である．よって，この条件に対して定理 3.2 を適用することができる．したがって，イベントトリガ条件 (3.17) に対して $t_{k+1} - t_k \geqq \tau_{\min}$ を満たす $\tau_{\min} > 0$ が存在することがわかる．

つぎに，イベントトリガ条件 (3.17) のもとでの安定性を解析する．ここでは，固有値の性質 (3.19) を使って定理 3.1 を適用するのではなく，S-procedure[8] を用いて**線形行列不等式**（linear matrix inequality）による安定性の解析を行う．ここで，S-procedure とは以下の**定理 3.3** のことをいう．なお，線形行列不等式については書籍 9), 10) を参照していただきたい．

定理 3.3（*S*-procedure）

実対称行列 $M_1 \in \mathbb{R}^{n \times n}$ に対して，あるベクトル $v \in \mathbb{R}^n$ が存在して，$v^\top M_1 v > 0$ が成り立つとする．このとき，任意の実対称行列 $M_0 \in \mathbb{R}^{n \times n}$ に対して，以下の二つの条件は同値である．

(1) ある正の実数 κ が存在して，$M_0 - \kappa M_1 \succ 0$ が成り立つ．

(2) $\eta^\top M_1 \eta \geqq 0$ を満たす任意の 0 でないベクトル $\eta \in \mathbb{R}^n$ に対して，$\eta^\top M_0 \eta > 0$ が成り立つ．

大ざっぱにいうと，イベントトリガ制御の場合，S-procedure における $\eta^\top M_1 \eta \geqq 0$ がイベントトリガ条件 (3.17) に，$\eta^\top M_0 \eta$ がリアプノフ関数に対応している．そして，(1) ⇒ (2) を用いてフィードバックシステムの安定性を保証する．

3.1.1 項のリアプノフ方程式 (3.8) に対応するものとして，本項では式 (3.21) に示す**リアプノフ不等式**（Lyapunov inequality）を考える．

$$P \succ 0, \quad Q \succ 0, \quad (A+BK)^\top P + P(A+BK) \preceq -Q \tag{3.21}$$

3.1.1 項の式 (3.9) で求めたように,二次形式 $V(x) := x^\top P x$ に対して

$$\frac{d}{dt}V(x(t)) \leq -x(t)^\top Q x(t) + 2x(t)^\top PBKe(t)$$

$$= \begin{bmatrix} x(t) \\ e(t) \end{bmatrix}^\top \begin{bmatrix} -Q & PBK \\ (PBK)^\top & 0 \end{bmatrix} \begin{bmatrix} x(t) \\ e(t) \end{bmatrix}$$

が成り立つ.一方,イベントトリガ条件 (3.17) が満たされたときだけ,状態の送信が行われるので,状態 $x(t)$ と誤差 $e(t)$ は

$$e(t)^\top \Omega e(t) \leqq \sigma^2 x(t)^\top \Omega x(t), \quad \forall t \geqq 0 \tag{3.22}$$

を満たす.そのため,たがいに 0 でない任意の状態 $x(t) \in \mathbb{R}^n$ と誤差 $e(t) \in \mathbb{R}^n$ に対して

$$\frac{d}{dt}V(x(t)) < 0$$

すなわち

$$\begin{bmatrix} x(t) \\ e(t) \end{bmatrix}^\top \begin{bmatrix} Q & -PBK \\ -(PBK)^\top & 0 \end{bmatrix} \begin{bmatrix} x(t) \\ e(t) \end{bmatrix} < 0 \tag{3.23}$$

が成り立つ必要はなく,式 (3.22) を満たすたがいに 0 でない状態 $x(t)$ と誤差 $e(t)$ に対して式 (3.23) が成り立てばよい[†].ここで S-procedure を用いる.実際,状態 $x(t)$ と誤差 $e(t)$ が満たす条件 (3.22) は

$$\begin{bmatrix} x(t) \\ e(t) \end{bmatrix}^\top \begin{bmatrix} \sigma^2 \Omega & 0 \\ 0 & -\Omega \end{bmatrix} \begin{bmatrix} x(t) \\ e(t) \end{bmatrix} \geqq 0, \quad \forall t \geqq 0$$

と書き直すことができるので,定理 3.3 の行列 M_0, M_1 とベクトル η をそれぞれ

[†] なお,式 (3.23) が成り立たないような,たがいに 0 でない $x(t)$ と $e(t)$ はつねに存在する.実際,式 (3.23) の左辺の行列の $(2,2)$ ブロックの行列が零行列であるため,$x(t) = 0$ かつ $e(t) \neq 0$ の場合,式 (3.23) が成り立つことはない.そのため,S-procedure を用いる意味があるといえる.

$$M_0 = \begin{bmatrix} Q & -PBK \\ -(PBK)^\top & 0 \end{bmatrix}, \quad M_1 = \begin{bmatrix} \sigma^2\Omega & 0 \\ 0 & -\Omega \end{bmatrix}, \quad \eta = \begin{bmatrix} x(t) \\ e(t) \end{bmatrix}$$

とすればよい。行列 Ω が正定値であるから

$$\begin{bmatrix} v_1 \\ 0 \end{bmatrix}^\top \begin{bmatrix} \sigma^2\Omega & 0 \\ 0 & -\Omega \end{bmatrix} \begin{bmatrix} v_1 \\ 0 \end{bmatrix} > 0$$

を満たす $v_1 \in \mathbb{R}^n$ が存在し,定理 3.3 の前提は満たされていることに注意してほしい。よって,定理 3.3 の (1) ⇒ (2) より,もしある $\kappa > 0$ が存在して,行列不等式

$$M_0 - \kappa M_1 = \begin{bmatrix} Q - \kappa\sigma^2\Omega & -PBK \\ -(PBK)^\top & \kappa\Omega \end{bmatrix} \succ 0$$

が成り立つならば,式 (3.22) を満たすたがいに 0 でない状態 $x(t)$ と誤差 $e(t)$ に対して式 (3.23) が成り立ち,フィードバックシステムの安定性が保証される。ここで,正定値行列 P, Q はリアプノフ不等式 (3.21) を満たす限り自由に選べることに注意すると,**定理 3.4** が得られる。

定理 3.4

プラント (3.1) と状態フィードバック制御 (3.7),イベントトリガ則 (3.18) を考える。もし,正定値行列 $P \in \mathbb{R}^{n \times n}$, $Q \in \mathbb{R}^{n \times n}$ と正の実数 κ が存在して,線形行列不等式

$$(A + BK)^\top P + P(A + BK) \preceq -Q$$

$$\begin{bmatrix} Q - \kappa\sigma^2\Omega & -PBK \\ -(PBK)^\top & \kappa\Omega \end{bmatrix} \succ 0$$

を満たすならば,フィードバックシステムは安定である。

S-procedure，つまり定理 3.3 においては (1) ⇔ (2) であるが，定理 3.4 は安定性の十分条件しか与えないことに注意してほしい．この理由の一つとして，S-procedure においてベクトル η の各要素は独立であるのに対して，定理 3.4 において η に対応するベクトル

$$\begin{bmatrix} x(t) \\ e(t) \end{bmatrix}$$

は，状態 $x(t)$ と誤差 $e(t)$ が相関をもっていることが挙げられる．ただし，以下の例で見るように，定理 3.4 の十分条件は，3.1.1 項の定理 3.1 の十分条件よりも保守性が小さいことが多い．

例 3.2 例 3.1 のプラントとフィードバックゲイン，イベントトリガ則を考える．定理 3.1 から，イベントトリガの設計パラメータ σ が $0 < \sigma < 0.141$ を満たせばフィードバックシステムが安定であることを示すことができた．一方で，定理 3.4 から，フィードバックシステムの安定性のための十分条件として，$0 < \sigma < 0.215$ が得られる．

3.1.3　種々のイベントトリガ条件

これまでのイベントトリガ条件は，式 (3.17) のような相対誤差に基づくものであった．しかし，プラントに**外乱** (disturbance) $w(t) \in \mathbb{R}^n$ が含まれている場合，つまり

$$\frac{dx}{dt}(t) = Ax(t) + Bu(t) + w(t) \tag{3.24}$$

でプラントのダイナミクスが記述される場合，状態 $x(t)$ が 0 に近いときに，このイベントトリガ条件は外乱の影響を強く受けることが想像できる．実際，外乱 $w(t)$ が上に有界，すなわち $\sup_{t \geq 0} \|w(t)\| \leq \varepsilon$ という条件だけでは，どのような $\varepsilon > 0$ であっても，イベントトリガ条件 (3.17) によって構成される送信時刻の差 $t_{k+1} - t_k$ は 0 にいくらでも近づくことが知られている（章末問題【2】）[11]．

そこで絶対誤差を考慮したイベントトリガ条件

$$e(t)^\top \Omega e(t) > \sigma^2 x(t)^\top \Omega x(t) + \rho^2 \tag{3.25}$$

もよく用いられている。ここで，新たなしきい値 $\rho \geqq 0$ は絶対誤差を許容するための設計パラメータであり，σ と同様 ρ が大きければ大きいほど状態が送信される頻度は少なくなる。もし $\sigma = 0, \rho > 0$ ならば，イベントトリガ条件 (3.25) は絶対誤差のみを考慮したものとなる。なお，パラメータ ρ が正であれば，たとえ外乱 $w(t)$ が 0 であったとしても，誤差 $e(t)$ は時間の経過とともに 0 に収束するとは限らない。そのため状態の収束は保証されない点に注意してほしい。

例 3.3 再び，例 3.1 のプラントとフィードバックゲインを考える。ただし，今回は以下のように外乱がプラントに印加されているものとする。

$$\frac{dx}{dt}(t) = \begin{bmatrix} 0 & 1 \\ -2 & 2 \end{bmatrix} x(t) + \begin{bmatrix} 0 \\ 1 \end{bmatrix} u(t) + w(t)$$

任意の時刻 t に対して，外乱 $w(t) \in \mathbb{R}^2$ の各要素は区間 $[-1, 1]$ の一様分布に従う乱数とする。そして，イベントトリガ則

$$t_{k+1} = \{t > t_k : \|e(t)\|^2 > \sigma^2 \|x(t)\|^2 + \rho^2\}$$

の設計パラメータ (σ, ρ) を $(0.1, 0.003)$ と $(0.1, 0)$ としたときの $\|x(t)\|$ と $t_{k+1} - t_k$ を，**図 3.4** と**図 3.5** に示す。実線および丸印（●）が $\rho = 0.003$ の場合の応答を，破線および四角印（■）が $\rho = 0$ の場合の応答をそれぞれ示している。絶対誤差に関するしきい値 ρ が 0 である場合，$\|x(t)\|$ が小さいときに外乱 $w(t)$ の影響が大きくなり送信頻度が高くなっている。一方で，$\rho = 0.003$ の場合には，$\|x(t)\|$ が小さくなっても，送信回数は多くなっていないことがわかる。

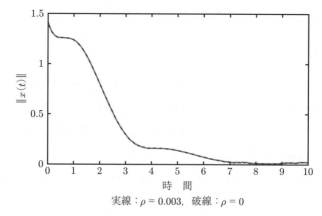

実線：$\rho = 0.003$，破線：$\rho = 0$

図 **3.4** $\|x(t)\|$ の時間応答

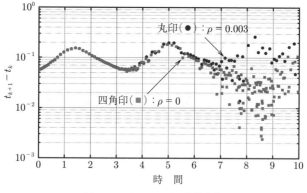

図 **3.5** $t_{k+1} - t_k$ の時間変化

イベントトリガ条件 (3.25) を用いて，$k+1$ 回目の送信時刻 t_{k+1} を決める式は以下のように記述できる．

$$t_{k+1} := \inf\{t > t_k : e(t)^\top \Omega e(t) > \sigma^2 x(t)^\top \Omega x(t) + \rho^2\}$$

この式からわかるように t_{k+1} は状態 $x(t)$ と誤差 $e(t)$ のみから決定される．しかし，送信時刻の差 $t_{k+1} - t_k$ をある値以上にするということを達成したいのであれば，状態 $x(t)$ と誤差 $e(t)$ の条件だけでなく，時間に関する条件も t_{k+1}

に追加すればよい．この考え方のもとで，つぎに示すイベントトリガ則がそれぞれ文献 12), 13) で提案されている．

$$t_{k+1} := \inf\{t > t_k : e(t)^\top \Omega e(t) > \sigma^2 x(t)^\top \Omega x(t) \text{ かつ } t = \ell h,\ \ell \in \mathbb{Z}_+\}$$
$$t_{k+1} := \inf\{t > t_k + h : e(t)^\top \Omega e(t) > \sigma^2 x(t)^\top \Omega x(t)\}$$

ここで，$h > 0$ は時間に関する制約のための設計パラメータである．上記の2種類のイベントトリガ則がどちらも $t_{k+1} - t_k \geqq h$ を満たすことは定義より明らかであろう．特に前者のイベントトリガ則は，センサが周期 h で測定を行う場合のイベントトリガ則と見なすことができ，サンプル値システムや離散時間システムに対する基本的なイベントトリガ則である．

3.2 出力フィードバックイベントトリガ制御

3.2.1 出力のイベントトリガ則

3.1 節ではプラントの状態がすべてコントローラに送信されるような場合を考えていた．本節では，状態の一部が出力として観測される場合，つまり，式 (3.26) に示す連続時間線形時不変システムを考える．

$$\begin{cases} \dfrac{dx}{dt}(t) = Ax(t) + Bu(t) \\ y(t) = Cx(t) \end{cases} \tag{3.26}$$

なお，$y(t) \in \mathbb{R}^p$ はシステムの出力を表し，C は実行列とする．

出力 $y(t)$ を用いた簡単なイベントトリガ条件として

$$\|y(t_k) - y(t)\| > \sigma \|y(t)\| \tag{3.27}$$

を考えてみよう．ここで t_k は k 回目の送信時刻，しきい値 $\sigma > 0$ はイベントトリガの設計パラメータである．しかし，このようなイベントトリガはうまくいかないことが知られている[11]．実際，送信時刻の差 $t_{k+1} - t_k$ が 0 に収束してしまい，有限時間で無限回送信してしまう可能性がある．これは，状態 $x(t)$

が小さい値を取っていなくても，出力 $y(t)$ が 0 になるからである（演習問題【3】）。そのような例を挙げておく（例 3.4）。

例 3.4 以下の連続時間システムを考える。

$$\frac{dx}{dt}(t) = \begin{bmatrix} 1 & 2 \\ 3 & -2 \end{bmatrix} x(t) + \begin{bmatrix} 1 \\ 1 \end{bmatrix} u(t), \qquad y(t) = \begin{bmatrix} 1 & 0 \end{bmatrix} x(t)$$

初期状態 $x(0)$ を $x(0) = [4 \ 0]^\top$ とする。このプラントに対して，つぎに示すイベントトリガ制御を行う。

$$t_{k+1} = \inf\{t > t_k : \|y(t_k) - y(t)\| > 0.3\|y(t)\|\}$$
$$u(t) = -3y(t_k), \quad \forall t \in [t_k, t_{k+1})$$

図 3.6 において，実線は出力 $y(t)$ を，破線はコントローラに送られている出力 $y(t_k)$ を示している。図 3.7 からも観察されるように，$y(t)$ が 0 に近づくにつれて送信時刻の差 $t_{k+1} - t_k$ が急速に減少していることがわかる。

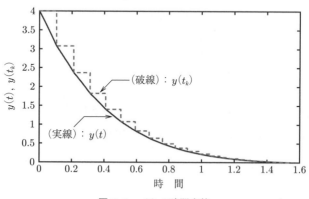

図 3.6 $y(t)$ の時間応答

3.2 出力フィードバックイベントトリガ制御

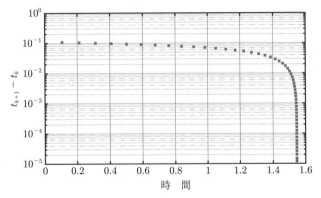

図 3.7 $t_{k+1} - t_k$ の時間変化

出力の誤差を

$$e_y(t) := y(t_k) - y(t), \quad \forall t \in [t_k, t_{k+1})$$

と定義する。外乱を含むシステムの場合と同様，相対誤差だけでなく絶対誤差を考慮した式 (3.28) に示すイベントトリガ条件を考える。

$$e_y(t)^\top \Omega e_y(t) > \sigma^2 y(t)^\top \Omega y(t) + \rho^2 \tag{3.28}$$

ここで，設計パラメータ $\sigma \in \mathbb{R}$, $\rho \in \mathbb{R}$, $\Omega \in \mathbb{R}^{p \times p}$ は，それぞれ $\sigma \geqq 0$, $\rho > 0$, $\Omega \succ 0$ を満たすとする。式 (3.26) で与えられるプラントに対して，状態と入力が有界である限り送信時刻の差 $t_{k+1} - t_k$ の下限は 0 より大きいことを示すことができる（定理 3.5）。

定理 3.5

プラント (3.26) に対して送信時刻の列 $\{t_k\}_{k \in \mathbb{Z}_+}$ を

$$t_0 := 0, \quad t_{k+1} := \inf\{t > t_k : e_y(t)^\top \Omega e_y(t) > \sigma^2 e_y(t)^\top \Omega y(t) + \rho^2\}$$

で定義する。そして，状態 $x(t)$ と入力 $u(t)$ は有界，すなわち，ある $M > 0$ が存在して

$$\|x(t)\|,\ \|u(t)\| < M, \quad \forall t \geqq 0$$

と仮定する．このとき，任意の設計パラメータ $\sigma \geqq 0,\ \rho > 0,\ \Omega \succ 0$ に対して，ある $\tau_{\min} > 0$ が存在して

$$t_{k+1} - t_k \geqq \tau_{\min}, \quad \forall k \in \mathbb{Z}_+ \tag{3.29}$$

が成り立つ．

証明 状態フィードバックの場合の定理 3.2 と同様の方法で示すことができる．出力 $y(t)$ とその初期値 $y(0)$ との差 $e_y(t) = y(0) - y(t)$ を考える．もし，任意の $\varepsilon > 0$ に対して，ある $\delta > 0$ が存在して

$$\|e_y(t)\| \leqq \varepsilon, \quad \forall t \in [0, \delta] \tag{3.30}$$

ならば，式 (3.29) を満たす $\tau_{\min} > 0$ が存在する．実際，上の条件において $\varepsilon > 0$ を

$$\varepsilon := \frac{\rho}{\sqrt{\lambda_{\max}(\Omega)}}$$

で定義する．いま

$$e_y(t)^\top \Omega e_y(t) \leqq \lambda_{\max}(\Omega) \|e_y(t)\|^2$$

であるから，式 (3.30) より

$$e_y(t)^\top \Omega e_y(t) \leqq \rho^2, \quad \forall t \in [0, \delta]$$

となる．これより，$t_{k+1} - t_k \geqq \delta$ であることがわかる．

さて，式 (3.30) を満たす $\delta > 0$ が存在することを示そう．方程式 (3.26) を満たす $y(t)$ は

$$y(t) = Ce^{At}x(0) + C\int_0^t e^{A(t-s)}Bu(s)ds$$

と書けるので，誤差 $e_y(t) = y(0) - y(t)$ は

$$e_y(t) = C\left(I_n - e^{At}\right)x(0) - C\int_0^t e^{A(t-s)}Bu(s)ds$$

である．ここで，第 1 項目について

$$\lim_{t \to 0} \left\| C(I_n - e^{At})x(0) \right\| \leq \lim_{t \to 0} \left\| C(I_n - e^{At}) \right\| M = 0$$

が成り立ち，さらに第 2 項目についても

$$\lim_{t \to 0} \left\| C \int_0^t e^{A(t-s)} Bu(s) ds \right\| \leq \lim_{t \to 0} \|C\| \int_0^t \left\| e^{A(t-s)} B \right\| M ds = 0$$

であることがわかる．任意の $\varepsilon > 0$ に対して，ある $\delta > 0$ が存在して式 (3.30) が成り立つ． ♠

例 3.5 例 3.4 と同じプラントと出力フィードバックゲインを考える．そして，イベントトリガ則において絶対誤差を考慮しない場合とする場合での送信時刻の差 $t_{k+1} - t_k$ を比較する．具体的には，以下の 2 種類のイベントトリガ則を考える．

$$t_{k+1} = \inf\{t > t_k : \ \|e_y(t)\|^2 > 0.3^2 \|y(t)\|^2\}$$
$$t_{k+1} = \inf\{t > t_k : \ \|e_y(t)\|^2 > 0.3^2 \|y(t)\|^2 + 0.01^2\}$$

図 3.8 と図 3.9 は，上の 2 種類のイベントトリガ制御を行った際の出力 $y(t)$ の時間応答と送信時刻の差 $t_{k+1} - t_k$ の変化を示したものである．実線および丸印が $\rho = 0.01$ である場合のイベントトリガ制御による応答であ

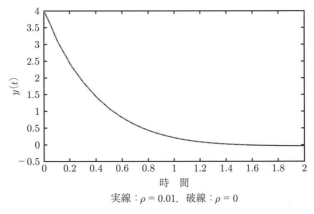

実線：$\rho = 0.01$，破線：$\rho = 0$

図 **3.8** $y(t)$ の時間応答

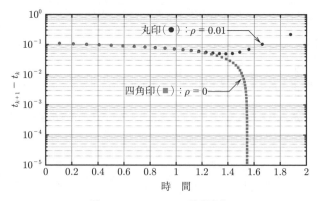

図 **3.9** $t_{k+1} - t_k$ の時間変化

り,破線および四角印が $\rho = 0$ である場合の応答である.これらの図から絶対誤差を考慮したイベントトリガ則は,そうでない場合と比べて出力の様子はほとんど変わらないが,送信時刻の差が 0 に収束していないことがわかる.

つぎに,プラント (3.26) を式 (3.31) で表される**動的な**コントローラ (dynamic controller) で制御することを考える.

$$\begin{cases} \dfrac{dx_c}{dt}(t) = A_c x_c(t) + B_c y(t_k) \\ u(t) = C_c x_c(t) + D_c y(t_k), \quad \forall t \in [t_k, t_{k+1}] \end{cases} \quad (3.31)$$

ここで,$x_c \in \mathbb{R}^{n_c}$ はコントローラの状態で,A_c, B_c, C_c, D_c は実行列である.例えば静的なコントローラ $u(t) = K y(t_k)$ の場合,$(A_c, B_c, C_c, D_c) = (0, 0, 0, K)$ となる.また,オブザーバとフィードバックゲインから構成されるコントローラ

$$\begin{cases} \dfrac{dx_c}{dt}(t) = A x_c(t) + B u(t) + L[y_c(t) - y(t_k)] \\ u(t) = K x_c(t) \\ y_c(t) = C x_c(t), \quad \forall t \in [t_k, t_{k+1}] \end{cases} \quad (3.32)$$

の場合,$(A_c, B_c, C_c, D_c) = (A + BK + LC, -L, K, 0)$ となる.なお,この場合 $x_c \in \mathbb{R}^n$ と $y_c \in \mathbb{R}^p$ はそれぞれプラントの状態と出力の推定値を表す.コ

3.2 出力フィードバックイベントトリガ制御

ントローラ (3.31) が静的なコントローラ $(A_c, B_c, C_c, D_c) = (0, 0, 0, K)$ である場合を除いて，制御入力 $u(t)$ は区分的定数関数ではないことに注意してほしい．本項ではプラントの出力 $y(t)$ のイベントトリガ則のみを考える．しかし，もし $D_c = 0$ ならば同様のアイディアを入出力 $u(t), y(t)$ に関するイベントトリガ則に適用することができる．この場合は，制御入力 $u(t)$ は区分的定数関数となる．ただし，記法が煩雑になるので，詳細は 3.2.2 項で述べる．

誤差 $e_y(t) = y(t_k) - y(t)$ を用いると，プラント (3.26) とコントローラ (3.31) を組み合わせたフィードバックシステムのダイナミクスは

$$\frac{d}{dt}\begin{bmatrix} x(t) \\ x_c(t) \end{bmatrix} = \begin{bmatrix} A + BD_cC & BC_c \\ B_cC & A_c \end{bmatrix} \begin{bmatrix} x(t) \\ x_c(t) \end{bmatrix} + \begin{bmatrix} BD_c \\ B_c \end{bmatrix} e_y(t), \quad \forall t \neq t_k, \quad \forall k \in \mathbb{Z}_+$$

と書ける．また，イベントトリガ条件 (3.28) はフィードバックシステムの状態を用いて

$$e_y(t)^\top \Omega e_y(t) > \sigma^2 \begin{bmatrix} x(t) \\ x_c(t) \end{bmatrix}^\top \begin{bmatrix} C & 0 \end{bmatrix}^\top \Omega \begin{bmatrix} C & 0 \end{bmatrix} \begin{bmatrix} x(t) \\ x_c(t) \end{bmatrix} + \rho^2$$

と表すことができる．以下では，記法の簡単化のために

$$F := \begin{bmatrix} A + BD_cC & BC_c \\ B_cC & A_c \end{bmatrix}, \quad G := \begin{bmatrix} BD_c \\ B_c \end{bmatrix}$$

$$z := \begin{bmatrix} x \\ x_c \end{bmatrix}, \quad \Omega_0 := \begin{bmatrix} C & 0 \end{bmatrix}^\top \Omega \begin{bmatrix} C & 0 \end{bmatrix}$$

とおく．状態フィードバックの場合（定理 3.4）と同様，フィードバックシステムの安定性のための十分条件を線形行列不等式の形で求めることができる（**定理 3.6**)[14]．

定理 3.6

プラント (3.26) とコントローラ (3.31),イベントトリガ則 (3.28) を考える。正定値行列 $P \in \mathbb{R}^{(n+n_c) \times (n+n_c)}$, $Q \in \mathbb{R}^{(n+n_c) \times (n+n_c)}$ と,正の実数 κ が存在して,線形行列不等式

$$F^\top P + PF \preceq -Q \tag{3.33}$$

$$\begin{bmatrix} Q - \kappa \sigma^2 \Omega_0 & -PG \\ -(PG)^\top & \kappa \Omega \end{bmatrix} \succ 0 \tag{3.34}$$

を満たすとする。このとき,任意の $k \in \mathbb{Z}_+$ に対して,$t_{k+1} - t_k \geq \tau_{\min}$ を満たす $\tau_{\min} > 0$ が存在する。さらに,ある定数 $d > 0$ が存在して,任意の $\rho > 0$ に対して

$$\limsup_{t \to \infty} \|z(t)\| \leq d\rho, \quad \forall x(0) \in \mathbb{R}^n, \quad \forall x_c(0) \in \mathbb{R}^{n_c} \tag{3.35}$$

が成り立つ。

証明 リアプノフ不等式 (3.33) を用いることで,二次形式 $V(z) := z^\top P z$ について

$$\begin{aligned} \frac{d}{dt} V(z(t)) &\leq -z(t)^\top Q z(t) + 2z(t)^\top P G e_y(t) \\ &= -\begin{bmatrix} z(t) \\ e_y(t) \end{bmatrix}^\top \begin{bmatrix} Q & -PG \\ -(PG)^\top & 0 \end{bmatrix} \begin{bmatrix} z(t) \\ e_y(t) \end{bmatrix} \end{aligned} \tag{3.36}$$

が成り立つことがわかる。さらに,不等式 (3.34) より,ある正の実数 $\gamma_0 > 0$ が存在して

$$\begin{bmatrix} Q - \kappa \sigma^2 \Omega_0 & -PG \\ -(PG)^\top & \kappa \Omega \end{bmatrix} \succeq \gamma_0 I_{n+n_c+p}$$

が成り立つ。したがって

$$\begin{bmatrix} z(t) \\ e_y(t) \end{bmatrix}^\top \begin{bmatrix} Q & -PG \\ -(PG)^\top & 0 \end{bmatrix} \begin{bmatrix} z(t) \\ e_y(t) \end{bmatrix}$$

$$
\geq \gamma_0 \left\| \begin{bmatrix} z(t) \\ e_y(t) \end{bmatrix} \right\|^2 + \kappa \begin{bmatrix} z(t) \\ e_y(t) \end{bmatrix}^\top \begin{bmatrix} \sigma^2 \Omega_0 & 0 \\ 0 & -\Omega \end{bmatrix} \begin{bmatrix} z(t) \\ e_y(t) \end{bmatrix} \quad (3.37)
$$

となる．さらに，イベントトリガ条件 (3.28) より

$$
\begin{bmatrix} z(t) \\ e_y(t) \end{bmatrix}^\top \begin{bmatrix} \sigma^2 \Omega_0 & 0 \\ 0 & -\Omega \end{bmatrix} \begin{bmatrix} z(t) \\ e_y(t) \end{bmatrix} \geq -\rho^2, \quad \forall t \geq 0 \quad (3.38)
$$

である．これらの不等式 (3.37)，(3.38) を式 (3.36) に代入することで

$$
\begin{aligned}
\frac{d}{dt} V(z(t)) &\leq -\gamma_0 \left\| \begin{bmatrix} z(t) \\ e_y(t) \end{bmatrix} \right\|^2 + \kappa \rho^2 \\
&\leq -\gamma_0 \|z(t)\|^2 + \kappa \rho^2 \\
&\leq -\frac{\gamma_0}{\lambda_{\max}(P)} V(z(t)) + \kappa \rho^2
\end{aligned}
$$

を得る．ここで

$$
\gamma := \frac{\gamma_0}{\lambda_{\max}(P)}
$$

とおく．関数 $V(z(t))$ について

$$
\begin{aligned}
V(z(t)) &\leq e^{-\gamma t} V(z(0)) + \int_0^t e^{-\gamma(t-s)} \kappa \rho^2 ds \\
&\leq e^{-\gamma t} V(z(0)) + \frac{\kappa \rho^2}{\gamma} (1 - e^{-\gamma t})
\end{aligned}
$$

が成り立つ．したがって，任意の $t \geq 0$ に対して

$$
\|z(t)\|^2 \leq \frac{1}{\lambda_{\min}(P)} \left[e^{-\gamma t} V(z(0)) + \frac{\kappa \rho^2}{\gamma} (1 - e^{-\gamma t}) \right] \quad (3.39)
$$

であり，状態 $x(t)$ と入力 $u(t) = K x_c(t)$ は有界であることがわかる．よって定理 3.5 より任意の $k \in \mathbb{Z}_+$ に対して，$t_{k+1} - t_k \geq \tau_{\min}$ を満たす $\tau_{\min} > 0$ が存在する[†]．また，式 (3.39) の両辺の上極限を取ることで

$$
\limsup_{t \to \infty} \|z(t)\| \leq \sqrt{\frac{\kappa}{\lambda_{\min}(P) \gamma}} \cdot \rho
$$

を得る． ♠

[†] 厳密には，逐次的に区間 $[t_k, t_{k+1})$ を考える必要がある．

定理 3.6 における安定性の条件 (3.33), (3.34) には, イベントトリガの設計パラメータのうち絶対誤差に関するしきい値 ρ が含まれていない。しかし, このパラメータは, 状態の収束に関する不等式 (3.35) に含まれており, フィードバックシステムの状態 $z(t)$ がどの程度原点に近づくかを示すパラメータであることがわかる。つぎの例 3.6 でそれを確認する。

例 3.6 例 3.4 と同じプラントと出力フィードバックゲインを考える。静的なコントローラを用いるのでコントローラの状態 $x_c(t)$ はなくてもかまわない。そのため, 定理 3.6 の行列 F, G, Ω_0 は

$$F := A + BKC, \quad G := BK, \quad \Omega_0 := C^\top \Omega C$$

と簡単化することができる。そして定理 3.6 からイベントトリガ則

$$t_{k+1} = \inf\{t > t_k : \|e_y(t)\|^2 > \sigma^2 \|y(t)\|^2 + \rho^2\}$$

を適用した際に

$$\limsup_{t \to \infty} \|x(t)\| \leq d\rho$$

を満たす定数 $d > 0$ が存在するための十分条件として $\sigma < 0.333$ が得られる。図 **3.10** と図 **3.11** は, イベントトリガの設計パラメータ (σ, ρ) を

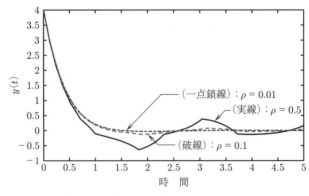

図 **3.10** $y(t)$ の時間応答

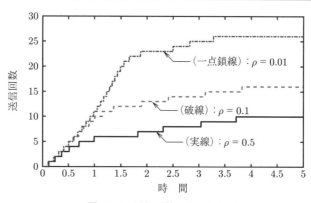

図 **3.11** 送信回数の時間変化

$$(\sigma, \rho) = (0.3, 0.5), \ (0.3, 0.1), \ (0.3, 0.01)$$

というように,絶対誤差に関するしきい値 ρ だけを変えて出力 $y(t)$ と送信回数を比較したものである.実線,破線,一点鎖線はそれぞれ $\rho = 0.5$,$\rho = 0.1$,$\rho = 0.01$ の場合の応答を示している.定理 3.6 の式 (3.35) からも予想されるように,ρ が大きくなるにつれて,定常状態における出力 $y(t)$ の振動が大きくなっている.一方で,大きな ρ を用いた場合,送信回数は減っている.この例のように,ρ を調整することで,定常状態の振動の大きさと送信回数の多寡を変化させることが可能な場合が多い.

つぎに,やや複雑なプラントとして**回分式反応炉**(batch reactor)を考える(**例 3.7**).

例 3.7 回分式反応炉の線形化したダイナミクスは文献 15) で以下のように与えられている.

$$
\begin{cases}
\dfrac{dx}{dt}(t) = \begin{bmatrix} 1.38 & -0.2077 & 6.715 & -5.676 \\ -0.5814 & -4.29 & 0 & 0.675 \\ 1.067 & 4.273 & -6.654 & 5.893 \\ 0.048 & 4.273 & -1.343 & -2.104 \end{bmatrix} x(t) \\
\qquad + \begin{bmatrix} 0 & 0 \\ 5.679 & 0 \\ 1.136 & -3.146 \\ 1.136 & 0 \end{bmatrix} u(t), \\
y(t) = \begin{bmatrix} 1 & 0 & 1 & -1 \\ 0 & 1 & 0 & 0 \end{bmatrix} x(t)
\end{cases}
$$

この2入力2出力システムに対して，式 (3.32) のようなオブザーバとフィードバックゲインから構成されるコントローラを考える。フィードバックゲイン K とオブザーバゲイン L はそれぞれ

$$
K = \begin{bmatrix} -0.0532 & -0.9421 & -0.3513 & -0.8411 \\ 2.5325 & 0.0716 & 1.7794 & -1.1645 \end{bmatrix},
$$

$$
L = \begin{bmatrix} -27.7643 & -0.5830 \\ 0.1042 & -27.8646 \\ -24.6613 & -11.3140 \\ 2.8620 & -12.0012 \end{bmatrix}
$$

とした。フィードバックゲイン K は，状態と入力の重みを I_4, I_2 とした最適レギュレータである。そしてオブザーバゲイン L は，プロセスノイズと測定ノイズの共分散行列を I_4, $10^{-3} \times I_2$ とした**定常カルマンフィルタ** (steady-state Kalman filter) のゲインである。イベントトリガ則として

$$
t_{k+1} = \inf\{t > t_k : \ \|e_y(t)\|^2 > \sigma^2 \|y(t)\|^2 + \rho^2\}
$$

を用いると，定理 3.6 より $\sigma < 0.376$ ならば，フィードバックシステムの安定性が保証されることがわかる。

3.2 出力フィードバックイベントトリガ制御 87

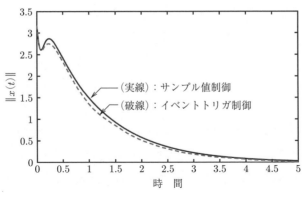

図 3.12 $\|x(t)\|$ の時間応答

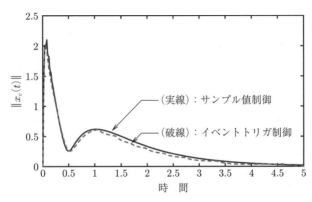

図 3.13 $\|x_c(t)\|$ の時間応答

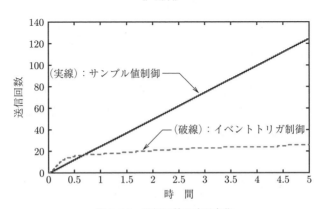

図 3.14 送信回数の時間変化

プラントとコントローラの初期状態をそれぞれ $x(0) = [1\ 2\ -1\ -2]^\top$, $x_c(0) = [0\ 0\ 0\ 0]^\top$ とする．図 3.12 と図 3.13 は，回分式反応炉の状態とその推定値のノルムの時間応答である．実線はサンプリング周期を 0.04 で固定したときの応答であり，破線は設計パラメータ (σ, ρ) を $(\sigma, \rho) = (0.3, 0.03)$ としたときのイベントトリガ制御の応答結果である．また，図 3.14 は両者の測定値の送信回数を示したものである（実線：サンプル値制御，破線：イベントトリガ制御）．イベントトリガ制御は過渡状態で送信回数が多いが，定常状態では周期的にサンプリングする場合よりも送信回数の増加率が小さいことが観察できる．

3.2.2 入出力のイベントトリガ則

3.2.1 項では出力のイベントトリガ則のみを考えたが，同様の議論で入出力のイベントトリガ則を考慮した安定性解析を行うことができる．

出力の送信時刻を $\{t_k\}_{k \in \mathbb{Z}_+}$，入力の送信時刻を $\{s_k\}_{k \in \mathbb{Z}_+}$ とする．プラント

$$\begin{cases} \dfrac{dx}{dt}(t) = Ax(t) + Bu(s_k), & \forall t \in [s_k, s_{k+1}) \\ u(t) = Cx(t) \end{cases} \tag{3.40}$$

に対して，つぎのコントローラを考える．

$$\begin{cases} \dfrac{dx_c}{dt}(t) = A_c x_c(t) + B_c y(t_k), & \forall t \in [t_k, t_{k+1}) \\ u(t) = C_c x_c(t) \end{cases} \tag{3.41}$$

3.2.1 項で扱ったコントローラ (3.31) との違いは，直達項 D_c の有無である．入出力のイベントトリガ則を考える場合，直達項 D_c が存在することによってイベントトリガ条件を書き直すことが複雑になるので，ここでは簡単化のため $D_c = 0$ とする．

これまでと同様，誤差を

$$e_y(t) := y(t_k) - y(t), \quad \forall t \in [t_k, t_{k+1})$$

3.2 出力フィードバックイベントトリガ制御

$$e_u(t) := u(s_k) - u(t), \quad \forall t \in [s_k, s_{k+1})$$

として，以下のようなイベントトリガ条件を考えよう．

$$e_y(t)^\top \Omega_y e_y(t) > \sigma_y^2 y(t)^\top \Omega_y y(t) + \rho_y^2 \tag{3.42}$$

$$e_u(t)^\top \Omega_u e_u(t) > \sigma_u^2 u(t)^\top \Omega_u u(t) + \rho_u^2 \tag{3.43}$$

ここで，$\sigma_y, \sigma_u \geqq 0$, $\rho_y, \rho_u > 0$, $\Omega_y, \Omega_u \succ 0$ はすべてイベントトリガの設計パラメータである．このとき，$k+1$ 回目の送信時刻 t_{k+1}, s_{k+1} はそれぞれ

$$t_{k+1} := \inf\{t > t_k : e_y(t)^\top \Omega_y e_y(t) > \sigma_y^2 y(t)^\top \Omega_y y(t) + \rho_y^2\} \tag{3.44}$$

$$s_{k+1} := \inf\{t > s_k : e_u(t)^\top \Omega_u e_u(t) > \sigma_u^2 u(t)^\top \Omega_u u(t) + \rho_u^2\} \tag{3.45}$$

となる．また，これまでと同様 $t_0 = s_0 = 0$ とする．

絶対誤差に関するしきい値 ρ_y, ρ_u が正である限り，定理 3.5 と同様に

$$\inf_{k \in \mathbb{Z}_+}(t_{k+1} - t_k) > 0, \quad \inf_{k \in \mathbb{Z}_+}(s_{k+1} - s_k) > 0$$

を示すことができる．よって，ここではフィードバックシステムの安定性のみについて述べることにする．まずフィードバックシステムのダイナミクスを求めよう．$y(t_k) = y(t) + e_y(t)$ と $u(s_k) = u(t) + e_u(t)$ を式 (3.40), (3.41) に代入することで

$$\frac{d}{dt}\begin{bmatrix} x(t) \\ x_c(t) \end{bmatrix} = \begin{bmatrix} A & BC_c \\ B_c C & A_c \end{bmatrix} \begin{bmatrix} x(t) \\ x_c(t) \end{bmatrix} + \begin{bmatrix} 0 \\ B_c \end{bmatrix} e_y(t) + \begin{bmatrix} B \\ 0 \end{bmatrix} e_u(t) \tag{3.46}$$

を得る．また，イベントトリガ条件 (3.42), (3.43) は状態 $x(t)$ と $x_c(t)$ を用いて

$$e_y(t)^\top \Omega_y e_y(t) > \sigma_y^2 \begin{bmatrix} x(t) \\ x_c(t) \end{bmatrix}^\top \begin{bmatrix} C & 0 \end{bmatrix}^\top \Omega_y \begin{bmatrix} C & 0 \end{bmatrix} \begin{bmatrix} x(t) \\ x_c(t) \end{bmatrix} + \rho_y^2$$

$$e_u(t)^\top \Omega_u e_u(t) > \sigma_u^2 \begin{bmatrix} x(t) \\ x_c(t) \end{bmatrix}^\top \begin{bmatrix} 0 & C_c \end{bmatrix}^\top \Omega_u \begin{bmatrix} 0 & C_c \end{bmatrix} \begin{bmatrix} x(t) \\ x_c(t) \end{bmatrix} + \rho_u^2$$

と書ける．3.2.1 項と同様，記法の簡単化のために

$$F := \begin{bmatrix} A & BC_c \\ B_cC & A_c \end{bmatrix}, \quad G_y := \begin{bmatrix} 0 \\ B_c \end{bmatrix}, \quad G_u := \begin{bmatrix} B \\ 0 \end{bmatrix}, \quad z := \begin{bmatrix} x \\ x_c \end{bmatrix}$$

$$\Omega_{0y} := \begin{bmatrix} C & 0 \end{bmatrix}^\top \Omega_y \begin{bmatrix} C & 0 \end{bmatrix}, \quad \Omega_{0u} := \begin{bmatrix} 0 & C_c \end{bmatrix}^\top \Omega_u \begin{bmatrix} 0 & C_c \end{bmatrix}$$

とおく．このとき，定理 3.6 と同様の結果が成り立つ（定理 3.7）[14]．

定理 3.7

プラント (3.40) とコントローラ (3.41)，イベントトリガ則 (3.44), (3.45) を考える．正定値行列 $P \in \mathbb{R}^{(n+n_c) \times (n+n_c)}$, $Q \in \mathbb{R}^{(n+n_c) \times (n+n_c)}$ と正の実数 κ_y, κ_u が存在して，線形行列不等式

$$F^\top P + PF \preceq -Q \tag{3.47}$$

$$\begin{bmatrix} Q - \kappa_y \sigma_y^2 \Omega_{0y} - \kappa_u \sigma_u^2 \Omega_{0u} & -PG_y & -PG_u \\ -(PG_y)^\top & \kappa_y \Omega_y & 0 \\ -(PG_u)^\top & 0 & \kappa_u \Omega_u \end{bmatrix} \succ 0 \tag{3.48}$$

を満たすとする．このとき，任意の $k \in \mathbb{Z}_+$ に対して，$t_{k+1} - t_k \geq \tau_{\min}$, $s_{k+1} - s_k \geq \tau_{\min}$ を満たす $\tau_{\min} > 0$ が存在する．さらに，ある定数 $d_y, d_u > 0$ が存在して，任意の $\rho_y, \rho_u > 0$ に対して

$$\limsup_{t \to \infty} \|z(t)\| \leq d_y \rho_y + d_u \rho_u, \quad \forall x(0) \in \mathbb{R}^n, \quad \forall x_c(0) \in \mathbb{R}^{n_c} \tag{3.49}$$

が成り立つ．

証明 リアプノフ不等式 (3.47) より，フィードバックシステム (3.46) と二次形式 $V(z) = z^\top P z$ に対して

$$\frac{d}{dt} V(z(t)) \leq -z(t)^\top Q z(t) + 2z(t)^\top PG_y e_y(t) + 2z(t)^\top PG_u e_u(t)$$

$$
= - \begin{bmatrix} z(t) \\ e_y(t) \\ e_u(t) \end{bmatrix}^\top \begin{bmatrix} Q & -PG_y & -PG_u \\ -(PG_y)^\top & 0 & 0 \\ -(PG_u)^\top & 0 & 0 \end{bmatrix} \begin{bmatrix} z(t) \\ e_y(t) \\ e_u(t) \end{bmatrix}
\tag{3.50}
$$

が成り立つ．また不等式 (3.48) より，ある正の実数 $\gamma_0 > 0$ が存在して

$$
\begin{bmatrix} Q - \kappa_y \sigma_y^2 \Omega_{0y} - \kappa_u \sigma_u^2 \Omega_{0u} & -PG_y & -PG_u \\ -(PG_y)^\top & \kappa_y \Omega_y & 0 \\ -(PG_u)^\top & 0 & \kappa_u \Omega_u \end{bmatrix} \succ \gamma_0 I_{n+n_c+p+m}
$$

を得る．この不等式より

$$
\begin{bmatrix} z(t) \\ e_y(t) \\ e_u(t) \end{bmatrix}^\top \begin{bmatrix} Q & -PG_y & -PG_u \\ -(PG_y)^\top & 0 & 0 \\ -(PG_u)^\top & 0 & 0 \end{bmatrix} \begin{bmatrix} z(t) \\ e_y(t) \\ e_u(t) \end{bmatrix}
$$

$$
\geq \gamma_0 \left\| \begin{bmatrix} z(t) \\ e_y(t) \\ e_u(t) \end{bmatrix} \right\|^2 + \kappa_y \begin{bmatrix} z(t) \\ e_y(t) \end{bmatrix}^\top \begin{bmatrix} \sigma_y^2 \Omega_{0y} & 0 \\ 0 & -\Omega_y \end{bmatrix} \begin{bmatrix} z(t) \\ e_y(t) \end{bmatrix}
$$

$$
+ \kappa_u \begin{bmatrix} z(t) \\ e_u(t) \end{bmatrix}^\top \begin{bmatrix} \sigma_u^2 \Omega_{0u} & 0 \\ 0 & -\Omega_u \end{bmatrix} \begin{bmatrix} z(t) \\ e_u(t) \end{bmatrix}
\tag{3.51}
$$

であり，さらにイベントトリガ条件 (3.42), (3.43) より，任意の $t \geq 0$ に対して

$$
\begin{bmatrix} z(t) \\ e_y(t) \end{bmatrix}^\top \begin{bmatrix} \sigma_y^2 \Omega_{0y} & 0 \\ 0 & -\Omega_y \end{bmatrix} \begin{bmatrix} z(t) \\ e_y(t) \end{bmatrix} \geq -\rho_y^2
\tag{3.52}
$$

$$
\begin{bmatrix} z(t) \\ e_u(t) \end{bmatrix}^\top \begin{bmatrix} \sigma_u^2 \Omega_{0u} & 0 \\ 0 & -\Omega_u \end{bmatrix} \begin{bmatrix} z(t) \\ e_u(t) \end{bmatrix} \geq -\rho_u^2
\tag{3.53}
$$

を得る．これらの不等式 (3.51)〜(3.53) を式 (3.50) に代入することで

$$
\frac{d}{dt} V(z(t)) \leq -\gamma_0 \left\| \begin{bmatrix} z(t) \\ e_y(t) \\ e_u(t) \end{bmatrix} \right\|^2 + \kappa_y \rho_y^2 + \kappa_u \rho_u^2
$$

が成り立つ．あとは定理 3.6 と同様なので省略する． ♠

オブザーバとフィードバックゲインから構成されるコントローラを式 (3.41) の形のコントローラに変形するためには，オブザーバとして

$$\frac{dx_c}{dt}(t) = Ax_c(t) + Bu(t) + L[y_c(t) - y(t_k)], \quad \forall t \in [t_k, t_{k+1})$$

を用いなければならない．ここで，注目してほしい点は入力 $u(t)$ である．制御対象 (3.40) と比較するとわかるように，推定値 $x_c(t)$ を計算するために用いる入力 $u(t)$ が，実際にプラントに印加される入力 $u(s_\ell)$ と異なっている．オブザーバとしては

$$\frac{dx_c}{dt}(t) = Ax_c(t) + Bu(s_\ell) + L[y_c(t) - y(t_k)], \quad \forall t \in [t_k, t_{k+1}) \cap [s_\ell, s_{\ell+1})$$

を用いるほうが自然であるだろう．このようなオブザーバを用いる場合も定理 3.7 を活用することができる．実際，状態の推定誤差 $\xi(t) := x(t) - x_c(t)$ のダイナミクスは

$$\frac{d\xi}{dt}(t) = (A + LC)\xi(t) + Le_y(t)$$

であり，さらに状態 $x(t)$ のダイナミクスは，$u(t) = K[x(t) - \xi(t)]$ より

$$\frac{dx}{dt}(t) = (A + BK)x(t) - BK\xi(t) + Be_u(t)$$

と書ける．したがって，フィードバックシステムのダイナミクスは

$$\frac{d}{dt}\begin{bmatrix} x(t) \\ \xi(t) \end{bmatrix} = \begin{bmatrix} A+BK & -BK \\ 0 & A+LC \end{bmatrix} \begin{bmatrix} x(t) \\ \xi(t) \end{bmatrix} + \begin{bmatrix} 0 \\ L \end{bmatrix} e_y(t) + \begin{bmatrix} B \\ 0 \end{bmatrix} e_u(t)$$

となる．一方，$x_c(t) = x(t) - \xi(t)$ に注意すると，入力のイベントトリガ条件 (3.43) は状態 $x(t)$ と推定誤差 $\xi(t)$ を用いて

$$e_u(t)^\top \Omega_u e_u(t) > \sigma_u^2 \begin{bmatrix} x(t) \\ \xi(t) \end{bmatrix}^\top \begin{bmatrix} K & -K \end{bmatrix}^\top \Omega_u \begin{bmatrix} K & -K \end{bmatrix} \begin{bmatrix} x(t) \\ \xi(t) \end{bmatrix} + \rho_u^2$$

と書ける．したがって

$$F := \begin{bmatrix} A+BK & -BK \\ 0 & A+LC \end{bmatrix}, \quad G_y := \begin{bmatrix} 0 \\ L \end{bmatrix}, \quad G_u := \begin{bmatrix} B \\ 0 \end{bmatrix}, \quad z := \begin{bmatrix} x \\ \xi \end{bmatrix}$$

3.2 出力フィードバックイベントトリガ制御

$$\Omega_{0y} := \begin{bmatrix} C & 0 \end{bmatrix}^\top \Omega_y \begin{bmatrix} C & 0 \end{bmatrix}, \quad \Omega_{0u} := \begin{bmatrix} K & -K \end{bmatrix}^\top \Omega_u \begin{bmatrix} K & -K \end{bmatrix}$$

と定義し直すことで，定理 3.7 を適用することができる．

例 3.8 例 3.7 で考えた回分式反応炉の入出力イベントトリガ制御を考える．コントローラも例 3.7 で用いたオブザーバとフィードバックゲインから構成されるものを用いるとする．そしてイベントトリガ則として

$$t_{k+1} = \inf\{t > t_k : \|e_y(t)\|^2 > \sigma_y^2 \|y(t)\|^2 + \rho_y^2\}$$
$$s_{k+1} = \inf\{t > s_k : \|e_u(t)\|^2 > \sigma_u^2 \|u(t)\|^2 + \rho_u^2\}$$

を用いると，定理 3.7 より図 **3.15** の実線より左の範囲の (σ_y, σ_u) ならば，フィードバックシステムの安定性が保証されることがわかる．

図 **3.16** と図 **3.17** は，回分式反応炉の状態とその推定値のノルムの時間応答である．実線がサンプリング周期を 0.04 で固定したときの従来のサンプル値制御の応答であり，破線が設計パラメータを $(\sigma_y, \rho_y) = (\sigma_u, \rho_u) = (0.2, 0.02)$ としたときのイベントトリガ制御の応答である．また図 **3.18** と図 **3.19** は，上で述べたサンプル値制御とイベントトリガ制御における

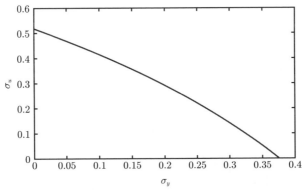

実線より左の範囲の (σ_y, σ_u) でフィードバックシステムの安定性が保証されている．

図 **3.15** 入出力イベントトリガのパラメータ σ_y, σ_u

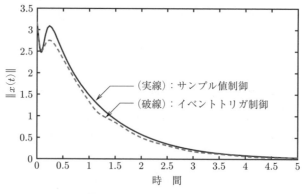

図 **3.16** $\|x(t)\|$ の時間応答

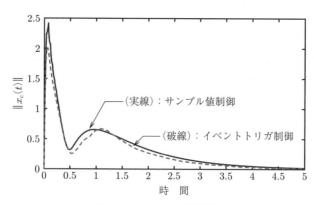

図 **3.17** $\|x_c(t)\|$ の時間応答

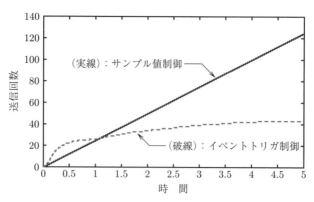

図 **3.18** 出力の送信回数

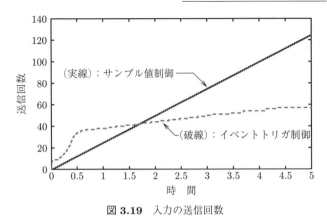

図 **3.19** 入力の送信回数

出力と入力の送信回数の時間推移を示したものである（実線：サンプル値制御，破線：イベントトリガ制御）。例 3.7 と同様，イベントトリガ制御は過渡状態において頻繁に出力と入力を送信することで，収束速度を向上させていることが観察できる。

3.3 セルフトリガ制御

イベントトリガ制御とよく似た制御手法として**セルフトリガ制御**（self-triggered control）[16),17)] がある。本節では，プラントの出力，すなわちセンシングを対象としたセルフトリガ制御を説明する。また簡単のため，プラントの状態がすべて測定値として観測される場合に限る。

これまでに述べたイベントトリガ制御では，センサが現在の測定値と直近に送った測定値を比較して測定値を送るかどうかを判定していた（図 3.1）。それに対して，セルフトリガ制御ではコントローラが直近に送られた測定値をもとに，所望の制御指標を達成するためにいつ測定値を受信すればよいかを決定する（図 **3.20**）。そのため，イベントトリガ制御ではセンサがつぎの送信時刻を決定するのに対して，セルフトリガ制御ではコントローラによって送信時刻が

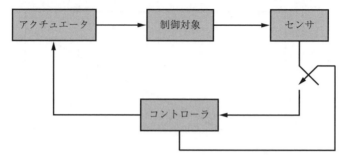

図 **3.20** セルフトリガ制御システム

計算される。センサは現在の測定値をリアルタイムで得ることができるが，コントローラはそうでないため，送信時刻を決定するために用いることができる情報も異なる。実際，ある関数 E と S を用いて，イベントトリガ制御ではつぎの送信時刻 t_{k+1} を

$$t_{k+1} := \inf\{t > t_k : E(x(t), x(t_k)) > 0\}$$

と記述するのに対して，セルフトリガ制御では

$$t_{k+1} := t_k + S(x(t_k))$$

と記述することが多い。ここで，$x(t)$ は時刻 t における測定値を表すものとする。

外乱 $w(t) \in \mathbb{R}^r$ を含むプラントを考える。

$$\frac{dx}{dt}(t) = Ax(t) + B_1 u(t) + B_2 w(t) \tag{3.54}$$

ここで 3.1，3.2 節と同様，$x(t) \in \mathbb{R}^n$ と $u(t) \in \mathbb{R}^m$ はそれぞれ時刻 t での状態と入力を表し，A, B_1, B_2 は実行列である。また，$B_2 \neq 0$ とする。このような外乱を含むシステムに対して $\boldsymbol{L^2}$ **安定性**（L^2 stability）を定義する（**定義 3.1**）。

定義 3.1

システム (3.54) が L^2 安定であるとは，ある正の実数 γ が存在して

$$w(t) = 0, \quad \forall t \geq 0 \quad \Rightarrow \quad \lim_{t \to 0} x(t) = 0, \quad \forall x(0) \in \mathbb{R}^n$$

かつ

$$x(0) = 0 \quad \Rightarrow \quad \|x\|_2 \leq \gamma \|w\|_2, \quad \forall w \in L^2[0, \infty)$$

が成り立つことをいう.また,このとき w から x への $\boldsymbol{L^2}$ ゲイン (L^2 gain) が γ 以下であるという.ただし,$\|x\|_2$ は $x \in L^2[0, \infty)$ の $\boldsymbol{L^2}$ ノルム (L^2 norm) であり,次式で定義される.

$$\|x\|_2 := \sqrt{\int_0^\infty \|x(t)\|^2 dt}$$

まず,つねに状態 $x(t)$ がコントローラに送信されると仮定して,L^2 安定性を達成するコントローラを設計しよう.正の実数 γ に対して,以下のリッカチ方程式 (3.55) を満たす正定値行列 $P \in \mathbb{R}^{n \times n}$ が存在すると仮定する.

$$0 = PA + A^\top P - Q + R \tag{3.55}$$

ここで,行列 Q と R は

$$Q := PB_1 B_1^\top P, \quad R := I_n + \frac{1}{\gamma^2} PB_2 B_2^\top P$$

であるものとする.そして状態フィードバック制御

$$u(t) = -B_1^\top Px(t) \tag{3.56}$$

を行うと,二次形式 $V(x) := x^\top Px$ について

$$\begin{aligned}
\frac{d}{dt} V(x(t)) &= x(t)^\top (PA + A^\top P - 2Q) x(t) + 2w(t)^\top B_2^\top Px(t) \\
&= -x(t)^\top (Q + R) x(t) + 2w(t)^\top B_2^\top Px(t) \\
&\leq -\|x(t)\|^2 - \frac{1}{\gamma^2} x(t)^\top PB_2 B_2^\top Px(t) + 2w(t)^\top B_2^\top Px(t)
\end{aligned}$$

が成り立つ．ここで

$$\gamma^2 \|w(t)\|^2 + \frac{1}{\gamma^2} x(t)^\top PB_2 B_2^\top Px(t) - 2w(t)^\top B_2^\top Px(t)$$
$$= \left\|\gamma w(t) - \frac{1}{\gamma} B_2^\top Px(t)\right\|^2 \geqq 0 \tag{3.57}$$

が成り立つので

$$\frac{d}{dt} V(x(t)) \leqq -\|x(t)\|^2 + \gamma^2 \|w(t)\|^2 \tag{3.58}$$

を得る．したがって，外乱 $w(t)$ が恒等的に 0 であるとき，$\lim_{t\to\infty} x(t) = 0$ が成り立つ．さらに，$w \in L^2[0, \infty)$ としたとき，式 (3.58) の両辺を 0 から $t > 0$ まで積分すると

$$V(x(t)) - V(x(0)) \leqq -\int_0^t \|x(s)\|^2 ds + \gamma^2 \int_0^t \|w(s)\|^2 ds$$

を得る．そのため，$x(0) = 0$ のとき

$$0 \leqq V(x(t)) \leqq -\int_0^t \|x(s)\|^2 ds + \gamma^2 \int_0^t \|w(s)\|^2 ds$$

が成り立ち，さらに $t \to \infty$ とすることで

$$\|x\|_2 \leqq \gamma \|w\|_2$$

であることがわかる．したがって，状態フィードバック制御 (3.56) を行うことで，フィードバックシステムは L^2 安定となり，w から x への L^2 ゲインは γ 以下となることがわかる．

本節では，セルフトリガ制御によって，フィードバックシステム

$$\begin{cases} \dfrac{dx}{dt}(t) = Ax(t) + B_1 u(t) + B_2 w(t) \\ u(t) = -B_1^\top Px(t_k), \quad \forall t \in [t_k, t_{k+1}) \end{cases} \tag{3.59}$$

の L^2 ゲインが γ よりも大きくなることを許容しつつ，測定値の送信回数を減少させることを目標とする．まず，フィードバックシステム (3.59) が L^2 安定

3.3 セルフトリガ制御

となるために，誤差 $e(t) := x(t) - x(t_k)$ がどのような条件を満たせばよいかを調べる必要がある．そのような条件が得られると，それに基づいてセルフトリガ制御を行うことができる．以下の**定理 3.8** はフィードバックシステム (3.59) が L^2 安定となるための条件を与えるものである．

定理 3.8

フィードバックシステム (3.59) において，送信時刻 $\{t_k\}_{k \in \mathbb{Z}_+}$ が以下の二つの条件を満たしているとする．

1. ある $\tau_{\min} > 0$ が存在して，任意の $k \in \mathbb{Z}_+$ に対して $t_{k+1} - t_k \geq \tau_{\min}$ が成り立つ．
2. ある $\beta \in (0, 1)$ が存在して，任意の $t \in [t_k, t_{k+1})$ と $k \in \mathbb{Z}_+$ に対して，誤差 $e(t)$ が以下の式 (3.60) を満たす．

$$e(t)^\top Q e(t) \leq (1 - \beta^2)\|x(t)\|^2 + x(t_k)^\top Q x(t_k) \quad (3.60)$$

このとき，フィードバックシステム (3.59) は L^2 安定であり，w から x への L^2 ゲインは γ/β 以下である．

証明 二次形式 $V(x) := x^\top P x$ について，式 (3.57) を用いることで，任意の $t \in [t_k, t_{k+1})$ に対して

$$\frac{d}{dt}V(x(t)) = -x(t)^\top \left(I_n - Q + \frac{1}{\gamma^2}PB_2B_2^\top P\right)x(t)$$
$$- 2x(t)^\top Q x(t_k) + 2x(t)^\top PB_2 w(t)$$
$$\leq -x(t)^\top (I_n - Q)x(t) - 2x(t)^\top Q x(t_k) + \gamma^2 \|w(t)\|^2$$

を満たすことがわかる．ここで，誤差 $e(t) = x(t) - x(t_k)$ を用いると

$$\frac{d}{dt}V(x(t)) \leq -\|x(t)\|^2 + [e(t) + x(t_k)]^\top Q [e(t) + x(t_k)]$$
$$- 2[e(t) + x(t_k)]^\top Q x(t_k) + \gamma^2 \|w(t)\|^2$$
$$= -\|x(t)\|^2 + e(t)^\top Q e(t) - x(t_k)^\top Q x(t_k) + \gamma^2 \|w(t)\|^2$$

が成り立つ．したがって，式 (3.60) より

$$\frac{d}{dt}V(x(t)) \leq -\beta^2 \|x(t)\|^2 + \gamma^2 \|w(t)\|^2, \quad \forall t \in [t_k, t_{k+1}), \quad \forall k \in \mathbb{Z}_+$$

を得る．一方，条件 1. より

$$\bigcup_{k \in \mathbb{Z}_+} [t_k, t_{k+1}) = [0, \infty)$$

となる．あとは，測定値が任意の時刻において得られている場合と同様の議論を行うことで，フィードバックシステム (3.59) が L^2 安定であり，さらに w から x への L^2 ゲインが γ/β であることがわかる． ♠

定理 3.8 の式 (3.60) では $x(t)$ と $x(t_k)$ による誤差 $e(t)$ の上界を与えたが，$x(t_k)$ のみによってその上界を与えることも可能である．任意の定数 $\beta \in (0, 1)$ を用いて行列 M, N を

$$M := (1 - \beta^2) I_n + Q \tag{3.61}$$

$$N := \frac{1}{2}(1 - \beta^2) I_n + Q \tag{3.62}$$

と定義しておく．このとき，**系 3.1** を得る．

系 3.1

フィードバックシステム (3.59) において，送信時刻 $\{t_k\}_{k \in \mathbb{Z}_+}$ が以下の条件を満たしているとする．

1. ある $\tau_{\min} > 0$ が存在して，任意の $k \in \mathbb{Z}_+$ において $t_{k+1} - t_k \geq \tau_{\min}$ が成り立つ．
2. 誤差 $e(t)$ が以下の式 (3.63) を満たす．
$$e(t)^\top M e(t) \leq x(t_k)^\top N x(t_k), \quad \forall t \in [t_k, t_{k+1}), \quad \forall k \in \mathbb{Z}_+ \tag{3.63}$$

このとき，フィードバックシステム (3.59) は L^2 安定であり，w から x への L^2 ゲインは γ/β 以下である．

証明 式 (3.63) と行列 M, N の定義より

$$(1-\beta^2)\|e(t)\|^2 + e(t)^\top Q e(t) \leq \frac{1}{2}(1-\beta^2)\|x(t_k)\|^2 + x(t_k)^\top Q x(t_k)$$

であるから

$$\begin{aligned}
e(t)^\top Q e(t) &\leq (1-\beta^2)\left(\|x(t_k)\|^2 + \|e(t)\|^2\right) + x(t_k)^\top Q x(t_k) \\
&\quad - (1-\beta^2)\left(\frac{1}{2}\|x(t_k)\|^2 + 2\|e(t)\|^2\right) \\
&= (1-\beta^2)\left(\|x(t_k)\|^2 + \|e(t)\|^2\right) + x(t_k)^\top Q x(t_k) \\
&\quad - (1-\beta^2)\left(\frac{1}{2}\|x(t_k)\|^2 + 2\|e(t)\|^2\right) \\
&\quad - (1-\beta^2)\left[2x(t_k)^\top e(t) - 2x(t_k)^\top e(t)\right] \\
&= (1-\beta^2)\|x(t_k) + e(t)\|^2 + x(t_k)^\top Q x(t_k) \\
&\quad - (1-\beta^2)\left\|\frac{1}{\sqrt{2}}x(t_k) + \sqrt{2}e(t)\right\|^2 \\
&\leq (1-\beta^2)\|x(t)\|^2 + x(t_k)^\top Q x(t_k)
\end{aligned}$$

を得る．したがって，式 (3.63) ⇒ 式 (3.60) であることがわかる．そのため，定理 3.8 より，フィードバックシステム (3.59) は L^2 安定であり，w から x への L^2 ゲインは γ/β 以下である． ♠

定理 3.8 や系 3.1 で得た誤差 $e(t)$ の条件 (3.60)，(3.63) はイベントトリガ制御では実現できるが，セルフトリガ制御では実現できない．これは誤差 $e(t)$ を得るために，現在の状態 $x(t)$ を利用しているからである．しかし，これらの条件からセルフトリガ条件を導くことができる．以下では，記法の単純化のために

$$z(t) := M^{1/2} e(t), \quad \forall t \geq 0$$
$$\rho(x) := \sqrt{x^\top N x}, \quad \forall x \in \mathbb{R}^n$$

を用いる．系 3.1 の条件 (3.63) は，z と ρ を用いて

$$\|z(t)\| \leq \rho(x(t_k)), \quad \forall t \in [t_k, t_{k+1}), \quad \forall k \in \mathbb{Z}_+ \tag{3.64}$$

と書き直すことができる．そこで，送信時刻 $\{t_k\}_{k\in\mathbb{Z}_+}$ が式 (3.64) を満たすようにセルフトリガ条件を設定することを考える．ただし，外乱 $w(t)$ に関してつぎの仮定が必要となる（**仮定 3.1**）．

仮定 3.1

ある正の実数 W が存在して

$$\|w(t)\| \leq W\|x(t)\|, \quad \forall t \geq 0 \tag{3.65}$$

が成り立つ。

この仮定は外乱の大きさが状態の大きさに依存するというものであり，例えば，プラントのパラメータの摂動を外乱で表現する場合などに該当する。

具体的に定理を述べる前に，必要な定数と関数をつぎのように定義しておく。

$$\alpha := \left\|M^{1/2}AM^{-1/2}\right\| + W\left\|M^{1/2}B_2\right\| \cdot \left\|M^{-1/2}\right\|$$

$$\mu(x) := \left\|M^{1/2}(A - B_1B_1^\top P)x\right\| + W\left\|M^{1/2}B_2\right\| \cdot \|x\|, \quad \forall x \in \mathbb{R}^n$$

これらを用いて，最終的に以下の**定理 3.9** を得る。

定理 3.9

仮定 3.1 のもとでフィードバックシステム (3.59) を考える。送信時刻 $\{t_k\}_{k\in\mathbb{Z}_+}$ を

$$t_0 = 0, \quad t_{k+1} = t_k + \frac{1}{\alpha}\ln\left[1 + \alpha\frac{\rho(x(t_k))}{\mu(x(t_k))}\right] \tag{3.66}$$

によって決定すると，ある $\tau_{\min} > 0$ が存在して

$$t_{k+1} - t_k \geq \tau_{\min}, \quad \forall k \in \mathbb{Z}_+ \tag{3.67}$$

が成り立つ。さらにフィードバックシステム (3.59) は L^2 安定であり，w から x への L^2 ゲインは γ/β 以下である。

証明 まず，式 (3.66) によって決定される送信時刻 $\{t_k\}_{k\in\mathbb{Z}_+}$ に対して，式 (3.67) を満たす $\tau_{\min} > 0$ が存在することを示す。任意の $\beta \in (0, 1)$ に対して式 (3.61) で定義される行列 N は正定値である。そのため，関数 ρ と μ の定義より，

ある正の定数 κ_1, κ_2 が存在して

$$\rho(x) \geqq \kappa_1 \|x\|, \quad \mu(x) \leqq \kappa_2 \|x\|, \quad \forall x \in \mathbb{R}^n$$

が成り立つ。したがって

$$\alpha \frac{\rho(x(t_k))}{\mu(x(t_k))} \geqq \alpha \frac{\kappa_1}{\kappa_2} > 0$$

であり

$$t_{k+1} - t_k \geqq \frac{1}{\alpha} \ln\left(1 + \alpha \frac{\kappa_1}{\kappa_2}\right) > 0, \quad \forall k \in \mathbb{Z}_+$$

を得る。よって式 (3.67) を満たす $\tau_{\min} > 0$ が存在する。

つぎにフィードバックシステムの L^2 安定性を証明しよう。三角不等式とノルムの連続性から,任意の $t \neq t_k$ ($k \in \mathbb{Z}_+$) に対して

$$\begin{aligned}\frac{d}{dt}\|z(t)\| &= \lim_{s \to 0} \frac{\|z(t+s)\| - \|z(t)\|}{s} \\ &\leqq \lim_{s \to 0} \frac{\|z(t+s) - z(t)\|}{|s|} \\ &= \left\|\lim_{s \to 0} \frac{z(t+s) - z(t)}{s}\right\| = \left\|\frac{dz}{dt}(t)\right\|\end{aligned} \quad (3.68)$$

を得る。さらに $z(t) = M^{1/2}e(t)$, $e(t) = x(t) - x(t_k)$ より

$$\begin{aligned}\left\|\frac{dz}{dt}(t)\right\| &= \left\|M^{1/2}\frac{dx}{dt}(t)\right\| \\ &= \left\|M^{1/2}[Ax(t) - B_1 B_1^\top P x(t_k) + B_2 w(t)]\right\| \\ &\leqq \left\|M^{1/2}Ae(t)\right\| + \left\|M^{1/2}(A - B_1 B_1^\top P)x(t_k)\right\| \\ &\quad + \left\|M^{1/2}B_2\right\| \cdot \|w(t)\|\end{aligned}$$

となる。上式において外乱の仮定 (3.65) を用いることで

$$\begin{aligned}\left\|\frac{dz}{dt}(t)\right\| &\leqq \left\|M^{1/2}AM^{-1/2}\right\| \cdot \|z(t)\| + \left\|M^{1/2}(A - B_1 B_1^\top P)x(t_k)\right\| \\ &\quad + W \left\|M^{1/2}B_2\right\| \cdot \left\|M^{-1/2}\right\| \cdot \|z(t)\| + W \left\|M^{1/2}B_2\right\| \cdot \|x(t_k)\| \\ &\leqq \left(\left\|M^{1/2}AM^{-1/2}\right\| + W \left\|M^{1/2}B_2\right\| \cdot \left\|M^{-1/2}\right\|\right) \|z(t)\| \\ &\quad + \left\|M^{1/2}(A - B_1 B_1^\top P)x(t_k)\right\| + W \left\|M^{1/2}B_2\right\| \cdot \|x(t_k)\| \\ &= \alpha \|z(t)\| + \mu(x(t_k))\end{aligned} \quad (3.69)$$

であることがわかる。よって式 (3.68), (3.69) より

$$\frac{d}{dt}\|z(t)\| \leq \alpha \|z(t)\| + \mu(x(t_k))$$

である。ここで

$$z(t_k) = M^{1/2}e(t_k) = M^{1/2}[x(t_k) - x(t_k)] = 0$$

であることを用いると

$$\|z(t)\| \leq \frac{\mu(x(t_k))}{\alpha}\left(e^{\alpha(t-t_k)} - 1\right), \quad \forall t \in [t_k, t_{k+1}), \quad \forall k \in \mathbb{Z}_+$$

が得られる。また送信時刻 $\{t_k\}_{k\in\mathbb{Z}_+}$ を式 (3.66) のように決定すると

$$\frac{\mu(x(t_k))}{\alpha}\left(e^{\alpha(t-t_k)} - 1\right) \leq \rho(x(t_k)), \quad \forall t \in [t_k, t_{k+1}), \quad \forall k \in \mathbb{Z}_+$$

となることもわかる。したがって、式 (3.64) が成り立ち、系 3.1 よりフィードバックシステム (3.59) は L^2 安定であり、w から x への L^2 ゲインは γ/β 以下である。 ♠

本節で述べたセルフトリガ制御は、設計パラメータとして $\beta \in (0, 1)$ をもつ。もし β を 1 に近づけると、行列 $M^{-1/2}$ が大きくなる。そのため更新式 (3.66) 中の α もまた大きくなり、結果として $t_{k+1} - t_k$ は小さな値を取る、すなわち送信頻度が上昇する。一方で、L^2 ゲイン（の上界）は小さくなり、外乱抑制性能が向上する。よって、β は送信頻度と L^2 ゲインを調整するためのパラメータといえる。外乱の大きさを示すパラメータ W が大きくなると、α と μ もまた大きくなり、$t_{k+1} - t_k$ は小さな値を取ることもわかる。

例 3.9 以下のような二次システムを考える。

$$\frac{d}{dt}\begin{bmatrix} x_1(t) \\ x_2(t) \end{bmatrix} = \begin{bmatrix} 0 & 1 \\ -2 - g(t) & 2 \end{bmatrix}\begin{bmatrix} x_1(t) \\ x_2(t) \end{bmatrix} + \begin{bmatrix} 0 \\ 1 \end{bmatrix}u(t)$$

ここで、$g(t)$ はパラメータの摂動を表し、$W > 0$ を用いて

$$g(t) = W\sin(0.5t)$$

とする。このプラントは，外乱 $w(t)$ を

$$w(t) = g(t)x_1(t) \tag{3.70}$$

とすると

$$\frac{dx}{dt}(t) = \begin{bmatrix} 0 & 1 \\ -2 & 2 \end{bmatrix} x(t) + \begin{bmatrix} 0 \\ 1 \end{bmatrix} u(t) + \begin{bmatrix} 0 \\ -1 \end{bmatrix} w(t)$$

と書ける。このとき

$$\|w(t)\| = \|g(t)x_1(t)\| \leq W\|x_1(t)\| \leq W\|x(t)\|, \quad \forall t \geq 0$$

が成り立つ。リッカチ方程式 (3.55) を $\gamma = 3$ について解くと

$$P = \begin{bmatrix} 10.2326 & 0.2375 \\ 0.2375 & 4.8426 \end{bmatrix}$$

であり，フィードバックゲイン K は

$$K = -B_1^\top P = \begin{bmatrix} -0.2375 & -4.8426 \end{bmatrix}$$

と計算される。セルフトリガ制御の設計パラメータ β を $\beta = 0.9$ とし，外乱の大きさ W が $W = 0.1, 1$ である場合の $\|x(t)\|$ と送信時間の差 $t_{k+1} - t_k$ を示した図が図 **3.21** と図 **3.22** である。実線および丸印は $W = 1$，破線および四角印は $W = 0.1$ としたときの応答である。外乱の大きさ W が大きい場合は，送信回数を増やすことでその影響を低減化していることが観察できる。

なお，パラメータの摂動がきわめて大きい場合，本節で述べたセルフトリガ制御を適用できないことに注意してほしい。前提条件として，外乱 w は $w \in L^2$ を満たしていなければならないが，パラメータの摂動が大きくフィードバックシステムが不安定である場合は，式 (3.70) からわかるように状態依存の外乱 w が $w \notin L^2$ となるからである。

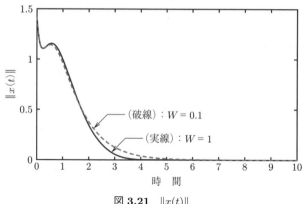

図 3.21　$\|x(t)\|$

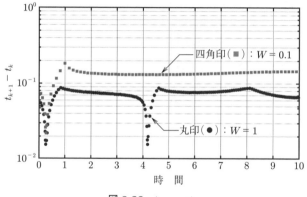

図 3.22　$t_{k+1} - t_k$

章 末 問 題

【1】 プラント (3.1) と状態フィードバック制御 (3.7) に対してイベントトリガ則

$$t_{k+1} := \inf\{t > t_k : \|x(t_k) - x(t)\| > \sigma\|x(t_k)\|\}$$

を考える．このとき，任意の設計パラメータ $\sigma > 0$ に対して，ある $\tau_{\min} > 0$ が存在して

$$t_{k+1} - t_k \geq \tau_{\min}, \quad \forall k \in \mathbb{Z}_+$$

が成り立つことを示せ。

【2】 外乱 $w(t)$ を含むプラント (3.24) と状態フィードバック制御 (3.7) に対してイベントトリガ則 $t_0 := 0$

$$t_{k+1} := \inf\{t > t_k : \|x(t_k) - x(t)\| > \sigma\|x(t)\|\}, \quad \sigma > 0$$

を考える。すべての $\varepsilon > 0$ に対して，ある初期状態 $x(0) \neq 0$ と $\sup_{t \geq 0} \|w(t)\| \leq \varepsilon$ を満たす $w(t)$ が存在して

$$\inf_{k \in \mathbb{Z}_+} (t_{k+1} - t_k) = 0$$

となることを示せ。

【3】 プラント (3.26) とその静的制御

$$u(t) = Ky(t_k), \quad \forall t \in [t_k, t_{k+1})$$

に対して，イベントトリガ則 $t_0 := 0$

$$t_{k+1} := \inf\{t > t_k : \|y(t_k) - y(t)\| > \sigma\|y(t)\|\}, \quad \sigma > 0$$

を考える。可観測性行列 O を

$$O := \begin{bmatrix} C \\ CA \\ \vdots \\ CA^{n-1} \end{bmatrix}$$

で定義する。もし $\sigma < 1$ であり，さらにランク条件

$$\mathrm{rank}(C) < \mathrm{rank}(O)$$

が成り立つならば，任意の初期状態 $x(0) \in \ker(C) \setminus \ker(O)$ に対して

$$t_1 = \inf\{t > 0 : \|y(0) - y(t)\| > \sigma\|y(t)\|\} = 0$$

となることを示せ。

【4】 離散時間システム

$$\begin{cases} x_{k+1} = Ax_k + Bu_k \\ u_k = Cx_k \end{cases}$$

とその静的制御

$$u_k = Ky_{i_\ell}, \quad \forall k = i_\ell, \cdots, i_{\ell+1} - 1$$

に対して，イベントトリガ則 $i_0 = 0$

$$i_{\ell+1} := \inf\{k > i_\ell : (y_{i_\ell} - y_k)^\top \Omega(y_{i_\ell} - y_k) > \sigma^2 y_k^\top \Omega y_k\}$$

を考える。ここで，Ω は正定値行列，σ は正の実数である。もし，正定値行列 P, Q と正の実数 κ が存在して，線形行列不等式

$$(A+BKC)^\top P(A+BKC) - P \preceq -Q$$
$$\begin{bmatrix} Q - \kappa\sigma^2 C^\top \Omega C & -(A+BKC)^\top PBK \\ -(BK)^\top P(A+BKC) & \kappa\Omega - (BK)^\top PBK \end{bmatrix} \succ 0$$

を満たすならば，フィードバックシステムは安定である，つまり，任意の初期状態 x_0 に対して，$\lim_{k \to \infty} x_k = 0$ が成り立つことを示せ。

【5】 系3.1において，任意の $\theta > 1$ を用いて

$$M_\theta := (\theta^2 - 1)(1 - \beta^2)I_n + Q$$
$$N_\theta := \left(1 - \frac{1}{\theta^2}\right)(1 - \beta^2)I_n + Q$$

を定義する。行列 M, N のかわりに M_θ, N_θ を用いても同様の結論が成り立つことを示せ。

4 複雑ネットワークの制御

3章までに,われわれは通信路を含んだ制御システムの設計法を見てきた。そこで挙げた設計法以外にも,通信路におけるさまざまな種類の遅延や損失を考慮に入れた制御器の設計法が数多く提案されている。ところでこのような遅延や損失の原因の一つに,通信路の複雑性がある。というのも実際の通信路においては,送信側と受信側が直接的に結ばれていることは稀であり,送信側と受信側の間に複数のルータが存在することがほとんどだからである†。2005年のある時点におけるコンピュータの接続状況の一部分を図示したのが図 4.1 である(Barrett Lyon / The Opte Project)[1]。非常に多くのコンピュータが複雑

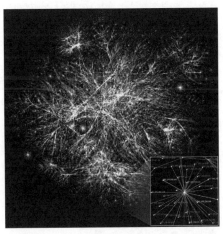

図 4.1 インターネットバックボーン[1]

---

† 例えば,筆者(小蔵)の環境から国外のある共同研究先へのネットワーク経路を tracert コマンドで調べてみたところ,24 個のルータが間にあった。

に接続されていることがわかる。したがって、例えば通信遅延は経路に存在するすべての通信路における遅延の総和となる。また、経路におけるたった一つのコンピュータに障害が起きるだけで、通信損失が発生してしまう。

このように、複数のものが相互に結び付けられているようなものを**ネットワーク**（network）と呼ぶ[2]。通信ネットワークと区別するために**複雑ネットワーク**（complex network）と呼ぶことも多い。本章では、複雑ネットワークと制御に関する最近の話題をいくつか紹介する。

4.1 複雑ネットワークの例

本章で扱うネットワークとは図 4.1 や図 4.2 のようなものである。ネットワークは「点」と「線」からなる。点は**頂点**（vertex または node）と呼ばれ、ネットワークを構成する主体を表す。線は**辺**や**枝**（edge）と呼ばれ、主体の間の関係性を表す。例えば、図 4.2 のネットワークは、Wayne W. Zachary による社会学における論文[3]で記述されたものである。彼はある空手クラブにおける人間関係を 3 年間にわたって調査した。図中の点はクラブの構成員を表し、辺は構成員どうしの間にクラブ外での関わりがあったことを示している。このネットワークは非常に有名であり、**空手ネットワーク**と呼ばれ、複雑ネットワーク科学の分野でベンチマークとしてよく使われる。また、図 4.3 はアメリカ合衆国の電力網を図示したものである。点が電力設備、辺が電線を表す。図 4.4 は、点が空港を、辺が航空路をそれぞれ表す。

図 4.2　空手ネットワーク

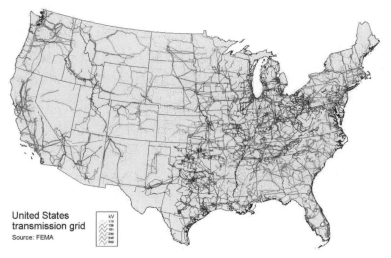

図 4.3　アメリカ合衆国の電力網（Wikipedia より，public domain）

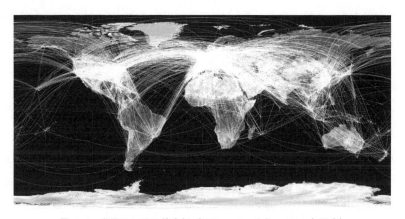

図 4.4　世界における航空網（Wikipedia より，2009 年現在）

　本章では，以上で示したような複雑ネットワークにおいて現れる制御問題を扱う．例えば図 4.2 のような社会ネットワークでは，人間関係を通じて伝染病の拡大が起こりうる．この場合の疫学におけるおもな関心事は，伝染病の拡大をうまく抑え込んで制御することである．図 4.3 のような電力網においては，単一の故障が連鎖拡大していくカスケード故障と呼ばれる現象が起きる．この

ときに電力網の運営者が目指すのは，故障の動的な拡大を上手く抑え込むように制御メカニズムを準備しておくことである．また図 4.4 のような航空網では，航空遅延の拡大が頻繁に起きる．例えば，A 空港から B 空港への便の到着が遅延することで，B 空港から C 空港への便の離陸が遅れてしまうような現象である．このような状況での課題には，単一便の遅れが他空港に波及しないような制御方策の設計や，設備の改善を要する空港を見いだすことなどがある．

4.1.1 グラフ理論

議論を始めるために，ネットワークの概念を数学的に定めておく必要がある．本章では以下の標準的な定義を用いる．ネットワーク（文脈に応じて**グラフ**（graph）とも呼ぶ）は頂点の集合 $V = \{v_1, \cdots, v_n\}$ と辺の集合を $E = \{e_1, \cdots, e_m\}$ からなる．ここで，それぞれの辺 $e_\ell = \{v_i, v_j\}$（$1 \leq \ell \leq m$）は異なる頂点の非順序対である．非順序対であるとは，順番に区別をつけないということである．つまり，辺の向きを考えない．したがって，このようなネットワークは**無向ネットワーク**（undirected network）あるいは**無向グラフ**（undirected graph）とも呼ばれる．辺の向きを考えるようなグラフは有向グラフと呼ぶ．有向グラフは本書では深くは取り扱わない．頂点 v_i と v_j が隣接するとは，$\{v_i, v_j\}$ が辺であることをいう．頂点 v_i に隣接する頂点の集合を $\mathcal{N}_i$ と書く．また，頂点の列であり，各頂点とそのつぎの頂点の間に辺が存在するようなものを**歩道**（walk）と呼ぶ．グラフ上の任意の頂点の組の間に歩道が存在するとき，グラフは**連結**（connected）であるという．

グラフが与えられたとき，その**隣接行列**（adjacency matrix）$A \in \mathbb{R}^{n \times n}$ を

$$A_{ij} = \begin{cases} 1 & v_i \text{ と } v_j \text{ が隣接} \\ 0 & \text{その他} \end{cases}$$

で定義する．グラフは無向であるから，隣接行列はつねに対称である．頂点 v_i の次数とは頂点 v_i に隣接する頂点の数のことであり，d_i と書く．対角行列 $D = \mathrm{diag}(d_1, \cdots, d_n)$ に対して，グラフ G の**ラプラシアン**（Laplacian）を

$$L = D - A \tag{4.1}$$

で定める.このラプラシアンは,隣接行列と並んで合意制御(4.2 節)で重要な役割を果たす.

4.2 合意制御

センサネットワークにおけるデータ同期,ビークルのランデブー,人工衛星のフォーメーションフライトなど,複数の動的システム(**エージェント**とも呼ばれる)がたがいに協調し合って共通の目標を達成する問題は数多い.それらの多くは,**マルチエージェントシステム**(multi-agent system)における合意問題として定式化できる[4]).そして,合意問題を効果的に解くためには,エージェント間の通信構造を適切に考慮する必要がある.本節ではまずマルチエージェントシステムにおける合意を定式化する.つぎに合意のための制御構造の代表格である線形平均合意プロトコルを導入する.最後に,最適合意制御問題が凸最適化問題に帰着することを述べる.

4.2.1 マルチエージェントシステムの合意

マルチエージェントシステムの合意を定式化する.マルチエージェントシステム Σ は複数のエージェント $v_1, \cdots, v_n$ から構成されるとする.それぞれのエージェント v_i は動的システムであり,ベクトル値の内部状態 $x_i(t)$ を各時刻 $t \geq 0$ においてもつと仮定する.マルチエージェントシステム全体の状態を

$$x(t) = [x_1(t)^\top \ \cdots \ x_n(t)^\top]^\top \tag{4.2}$$

により定義する.マルチエージェントシステムの合意を以下のように定義する.

定義 4.1 (合意)

マルチエージェントシステム Σ を考える.

(1) Σ が**合意**(consensus)するとは,任意の初期状態 $x_1(0), \cdots, x_n(0)$

と任意のエージェントの組 (v_i, v_j) に対して

$$\lim_{t \to \infty} x_i(t) = \lim_{t \to \infty} x_j(t)$$

が成り立つことをいう。すべてのエージェントについて共通の値

$$x^\star = \lim_{t \to \infty} x_i(t)$$

のことを合意値と呼ぶ。

(2) Σ が**指数的に合意** (exponential consensus) するとは，以下の二つの条件が成り立つことをいう。

(a) Σ は合意する。

(b) ある正の数 C と γ が存在し，任意の初期状態 $x_1(0), \cdots, x_n(0)$，任意のエージェント v_i そして任意の時刻 $t \geq 0$ に対して

$$\|x_i(t) - x^\star\| \leq C\|x_i(0) - x^\star\|e^{-\gamma t}$$

が成り立つことをいう。

合意値によって合意を分類することができる。

(1) **平均合意**：各エージェントの初期値の平均値を求める合意であり，最も標準的である。合意値は

$$\alpha = \frac{x_1(0) + \cdots + x_n(0)}{n}$$

により与えられる。

(2) **幾何合意**：各エージェントの状態がスカラーの場合にエージェントの初期値の幾何平均を求める合意であり，合意値は

$$\alpha = (x_1(0) \cdots x_n(0))^{1/n}$$

により与えられる。

(3) **リーダフォロア合意**：あるエージェント v_ℓ の初期値に合わせる合意である。合意値は

$$\alpha = x_\ell(0)$$

により与えられる。

合意するマルチエージェントシステムの例をいくつか挙げる（**例 4.1〜4.3**）。最初の二つは自然法則により合意が自然と達成される例である。

例 4.1　（**熱システム**）　物体 $v_1, \cdots, v_n$ からなる熱力学系を考える。簡単のため，各物体の温度はその内部で一様であると仮定する。そして，それらの物体は**図 4.5** のように直列に接続されており，接続を介して熱のやり取りが可能であるとする。さらに，物体からなる系全体と外界との間に熱のやり取りは存在しないと仮定する。

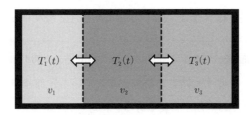

図 4.5　熱システム

時刻 $t \geqq 0$ における熱源 v_i の温度を $T_i(t)$ とする。外界との熱収支はないため，熱力学の法則により $t \to \infty$ の極限において各物体の温度は一定値に収束するはずである。さらに，すべての物体は直列に接続されているから，収束する先の温度はすべての熱源について同じでなければいけない。したがって，任意の物体の組 (v_i, v_j) に対して $\lim_{t \to \infty} T_i(t) = \lim_{t \to \infty} T_j(t)$ が成り立つ。つまり，温度を物体の状態と見なしたときに，物体からなるマルチエージェントシステムは合意する。

つぎの例もほぼ明らかである。

例 4.2　（**RC 回路**）　**図 4.6** のような RC 回路を考える。分岐点 v_i（図中の黒丸）はキャパシタを通じて接地されているとする。分岐点 v_i の時刻 $t \geqq 0$

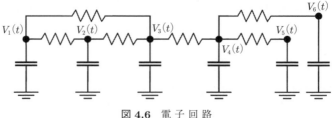

図 4.6　電 子 回 路

における電圧を $V_i(t)$ とする。時刻 $t \to \infty$ における定常状態を考える。このとき各抵抗に電流は流れていないため，分岐点の電圧値は共通の値をもつ。すなわち，任意の分岐点の組 (v_i, v_j) に対して $\lim_{t\to\infty} V_i(t) = \lim_{t\to\infty} V_j(t)$ が成り立ち，合意が達成されることがわかる。

以上の二つの例とは異なり，以下の例は人工的なものである。

例 4.3　（時刻同期）　複数のコンピュータが協調して動作するとき，それぞれのコンピュータがもつ時計の時刻がずれていると都合が悪い。これを回避するために時刻の同期が必要である。絶対時刻 t において，コンピュータ $v_1, \cdots, v_n$ がもつ時計が指す時刻を $\tau_1(t), \cdots, \tau_n(t)$ とする。このとき，時刻同期では，任意のコンピュータの組 (v_i, v_j) に対して $\lim_{t\to\infty} \tau_i(t) = \lim_{t\to\infty} \tau_j(t)$ が成り立つことを目指す。これは合意にほかならない。

例 4.1 や例 4.2 では物理法則により合意が自然と達成された。しかし，例 4.3 ではそのような自然法則は存在しない。このような場合には，設計者が合意のメカニズムを適切に設計・実現する必要がある。このような問題は**合意問題**（consensus problem）と呼ばれる。本章では以下のような合意問題を考える。各エージェントの状態変数 $x_i(t)$ がスカラーであり，かつ微分方程式

$$\frac{dx_i}{dt} = u_i(t)$$

に従う状況を考える。ここで，$u_i(t)$ は時刻 t におけるエージェント v_i への入力信号であり，われわれが設計するものである。一般に，入力 u_i は自由に決

められるものではない.多くの状況において,ネットワーク上で隣接するエージェントの状態しか用いることができない.例えば,例 4.1 では隣り合う物体の温度,例 4.2 では隣り合う分岐点の電圧,例 4.3 では通信可能なコンピュータの時刻が利用可能な情報である.これを一般化し,以下のような仮定をおく.エージェント間の関係を表すグラフ $G = (V, E)$ が与えられているとする.各エージェントは,隣接するエージェントとのみ情報をやり取りできると仮定する.数学的には,任意の $i = 1, \cdots, n$ に対してある関数 $f_i: \mathbb{R} \times \mathbb{R}^{d_i} \to \mathbb{R}$ が存在し,エージェントのダイナミクスが

$$\frac{dx_i}{dt} = f_i(x_i(t), \{x_j(t)\}_{j \in \mathcal{N}_i}), \quad i = 1, \cdots, n \tag{4.3}$$

により与えられると仮定する.以降では,これら n 本の微分方程式の組により記述されるマルチエージェントシステムを考える.関数の組 $\{f_1, \cdots, f_n\}$ あるいは微分方程式 (4.3) を**プロトコル**(protocol)と呼ぶ.

以上の仮定のもとで合意問題は,マルチエージェントシステム (4.3) が合意を達成するようなプロトコルを見つける問題として定式化できる.

4.2.2 平均合意

マルチエージェントシステム (4.3) が合意するには,任意のエージェントの組 (v_i, v_j) について偏差

$$e_{ij}(t) = x_j(t) - x_i(t)$$

が $t \to \infty$ の極限で 0 に収束することが必要である.つまり偏差 e_{ij} は合意の指標を与える.したがって,この指標をプロトコル $f_1, \cdots, f_n$ の設計に用いるのはきわめて自然である.偏差 e_{ij} を知りうるのはエージェント v_i と v_j のみであることに注意して,以下のようなプロトコルを考えてみる.

$$\frac{dx_i}{dt} = \sum_{j \in \mathcal{N}_i} w_{\{v_i, v_j\}} e_{ij}(t) \tag{4.4}$$

ここで,係数 $w_{\{v_i, v_j\}}$ は辺 $\{v_i, v_j\} \in E$ に依存する定数とする.この定数は,エージェント v_i がその近傍のエージェント v_j との偏差をどの程度自らの挙動

に反映させるかを決める．そして各エージェントは，それらの偏差の線形結合を用いて自らの将来の挙動を決めていく．

まず，最も簡単な場合として任意の辺に対して $w_{ij} = 1$ が成り立つ場合を考える．マルチエージェントシステム (4.4) は

$$\frac{dx_i}{dt} = \sum_{j \in \mathcal{N}_i} [x_j(t) - x_i(t)] \tag{4.5}$$

となる．これより

$$\frac{dx_i}{dt} = \left(\sum_{j \in \mathcal{N}_i} x_j(t)\right) - \left(\sum_{j \in \mathcal{N}_i} 1\right) x_i(t)$$

$$= \left(\sum_{j \in \mathcal{N}_i} x_j(t)\right) - d_i x_i(t)$$

を得る．ただし，d_i は頂点 v_i の次数である．したがって，すべてのエージェントの状態からなるベクトル (4.2) は微分方程式

$$\frac{dx}{dt} = -Lx$$

に従う．ただし，ここで L はネットワーク G のラプラシアンであり，式 (4.1) で定義される．したがって，時刻 t における各エージェントの状態は

$$x(t) = e^{-Lt} x(0) \tag{4.6}$$

により与えられる．

式 (4.6) を用いてマルチエージェントシステム (4.5) が合意するための条件を調べる．まず，行列 $-L$ が不安定であってはならないことは明らかである．そこで行列 L の固有値を調べるために二次形式 $x^\top L x$ を計算してみると

$$x^\top L x = \sum_{\{v_i, v_j\} \in E} (x_i - x_j)^2 \geq 0 \tag{4.7}$$

を得る．行列 L は対称行列なので，その固有値はすべて実数であり，かつ式 (4.7) よりそれらはすべて非負である．これから行列 $-L$ が不安定ではないこ

とが確かにわかる．行列 L の固有値を昇順に

$$0 \leq \lambda_1 \leq \lambda_2 \leq \cdots \leq \lambda_n$$

と並べ，また対応する固有ベクトルを $\xi_1,\cdots,\xi_n$ とする．これら n 個の固有値のうち，最小のもの λ_1 が 0 であり，かつ対応する固有ベクトル $\xi_1 = \mathbf{1}$ をもつことは，等式

$$L\mathbf{1} = 0 \tag{4.8}$$

から，ただちに従う．

いま，初期状態 $x(0)$ を

$$x(0) = c_1 \xi_1 + \cdots + c_n \xi_n \tag{4.9}$$

と L の固有ベクトルを用いて分解する．係数 c_i は固有ベクトル $\xi_1,\cdots,\xi_n$ の直交性より $c_i = (x(0), \xi_i)/\|\xi_i\|^2$ と与えられる．特に

$$c_1 = \frac{\langle x_0, \mathbf{1} \rangle}{\|\mathbf{1}\|^2} = \frac{x_1 + \cdots + x_n}{n}$$

はエージェントの初期状態の平均と等しい．したがって，もし L の固有値が

$$0 < \lambda_2 < \cdots < \lambda_n \tag{4.10}$$

を満たすならば

$$\begin{aligned}
x(t) &= e^{-Lt} x(0) \\
&= c_1 e^{-Lt} \xi_1 + c_2 e^{-Lt} \xi_2 + \cdots + c_n e^{-Lt} \xi_n \\
&= c_1 e^{-\lambda_1 t} \xi_1 + c_2 e^{-\lambda_2 t} \xi_2 + \cdots + c_n e^{-\lambda_n t} \xi_n \\
&= c_1 \mathbf{1} + c_2 e^{-\lambda_2 t} \xi_2 + \cdots + c_n e^{-\lambda_n t} \xi_n \\
&\to c_1 \mathbf{1}, \quad (t \to \infty)
\end{aligned} \tag{4.11}$$

となり，マルチエージェントシステム (4.5) は指数的に平均合意する．

ここまでで，条件 (4.10) が平均合意のために十分であることがわかった．それでは，条件 (4.10) はネットワークがどのような構造をもつときに成り立つのであろうか．条件 (4.10) は，L の固有値 $\lambda_1 = 0$ が単純であることを意味している．言い換えると，行列 L の零化空間 $\ker(L)$ がベクトル $\mathbf{1}$ によってのみ張られることを意味している．したがって，条件 (4.10) が成り立つためには

$$x^\top L x = 0 \tag{4.12}$$

となるようなベクトルは $x = \mathbf{1}$ およびその定数倍だけでなくてはならない．一方，式 (4.7) より，$x^\top L x = 0$ であるためには，任意の辺 $\{v_i, v_j\} \in E$ に対して

$$x_i = x_j \tag{4.13}$$

となることが必要十分である．一見この必要十分条件は $x \propto \mathbf{1}$ と同値に思えるが，ネットワークによってはそうとは限らない．例えば図 **4.7** のようにグラフが連結ではない場合，$x_1 = x_2 = x_3 = 1$ と $x_4 = x_5 = x_6 = 2$ は条件 (4.13) を任意の枝 $\{v_i, v_j\}$ に対して満たす．したがって，ラプラシアン L は固有値 0 に対応する別の固有ベクトル $[1\ 1\ 1\ 2\ 2\ 2]^\top$ をもつ．そのため条件 (4.10) が成り立たない．

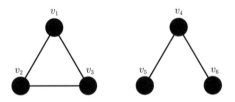

図 **4.7** 連結ではないネットワーク

つぎの**定理 4.1** は，グラフの連結性が指数平均合意のために必要かつ十分であることを示す[4]．

定理 4.1

以下の二つの条件は同値である．

(1) マルチエージェントシステム (4.5) が指数的に平均合意する。
(2) ネットワーク G が連結である。

証明 (2) ⇒ (1) を示す。前述のように，式 (4.12) を満たす $x \in \mathbb{R}^n$ は $x \propto \mathbf{1}$ に限ることを示せばよい。ベクトル x が式 (4.12) を満たすと仮定する。任意の辺 $\{v_i, v_j\} \in E$ に対して (4.13) が成り立つ。これは，グラフの連結性により任意の異なる頂点が歩道で結ばれていることから，任意の異なる頂点 v_i と v_j に対して $x_i = x_j$ が成り立つことを意味する。したがって $x \propto \mathbf{1}$ を得る。
逆の証明は章末問題【1】とする。 ♠

例 4.4 Zachary の空手ネットワーク（図 4.2）を考える。このネットワークは明らかに連結であるから，定理 4.1 によりマルチエージェントシステム (4.5) は指数的に平均合意する。連結性が果たす役割を確認するために，空手ネットワークの枝をいくつか取り除き図 **4.8** のような非連結のネットワークを作る。定理 4.1 により，線形合意プロトコル (4.5) は平均合意を実現しない。図 **4.9** にシミュレーションの結果（合意が達成されない様子）を示す。

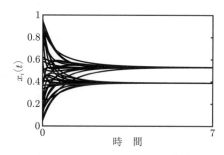

図 **4.8** 連結性を失わせた空手ネットワーク

図 **4.9** シミュレーションの結果（合意が達成されない様子）

図 4.8 のネットワークからさらに枝を取り除き，図 **4.10** のように三つのコミュニティを作ったときの線形合意プロトコル (4.5) の様子を図 **4.11** に示す。コミュニティの数と同数の，異なる合意値が現れていることがわかる。

図 4.10 さらに連結性を失わせた空手ネットワーク

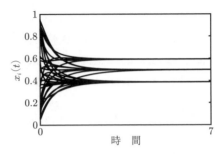

図 4.11 三つのコミュニティを作ったときのシミュレーションの結果（合意が達成されない様子）

定理 4.1 は一般の重みの場合，つまりプロトコル (4.4) における係数 w_{ij} が 1 に限らない場合にも成り立つ．係数の集合

$$w = \{w_e\}_{e \in E} \in \mathbb{R}_+^m$$

に対して，重み付きグラフ $G_w = (V, E_w)$ を考える．ここで，任意の異なる頂点 v_i と v_j に対して，辺 $\{v_i, v_j\}$ は係数 $w_{\{v_i, v_j\}}$ が正であるとき，また，そのときに限り G_w の辺集合 E_w に属するとする．重み付きグラフ G_w の隣接行列 $A_w \in \mathbb{R}^{n \times n}$ を

$$[A_w]_{ij} = \begin{cases} w_{\{v_i, v_j\}}, & v_i \text{ と } v_j \text{ が隣接} \\ 0, & \text{その他} \end{cases}$$

で定義する．頂点 v_i の次数を $d_i = \sum_{v_j \in \mathcal{N}_i} w_{ij}$ で定める．対角行列 $D_w = \mathrm{diag}(d_1, \cdots, d_n)$ に対して，グラフ G_w のラプラシアンを

$$L_w = D_w - A_w$$

で定める．

以下の**定理 4.2** が成り立つ．

定理 4.2

以下の二つの条件は同値である。

(1) マルチエージェントシステム (4.4) が指数的に平均合意する。

(2) ネットワーク G_w が連結である。

証明 ネットワーク G_w の連結性に拘らず (4.8) が成り立つ。したがって，G_w のラプラシアン L_w は固有値 0 とそれに対応する固有ベクトル $\mathbf{1}$ をもつ。また，このラプラシアンが任意の $x \in \mathbb{R}^n$ に対して

$$x^\top L_w x = \sum_{\{v_i, v_j\} \in E_w} w_{\{v_i, v_j\}} (x_i - x_j)^2 \tag{4.14}$$

を満たすことにも注意する。

(2) ⇒ (1) を示す。ラプラシアン L_w の昇順に並べた固有値が (4.10) を満たすことを示せばよい。そのためには，定理 4.1 と同様にして

$$x^\top L_w x = 0 \tag{4.15}$$

を満たす $x \in \mathbb{R}^n$ は $x \propto \mathbf{1}$ に限ることを示せばよい。ベクトル x が式 (4.15) を満たすと仮定する。式 (4.14) より，任意の辺 $\{v_i, v_j\} \in E_w$ に対して式 (4.13) が成り立つ。仮定していたグラフの G_w の連結性を用いると，定理 4.1 の証明と同様にして，任意の異なる頂点 v_i と v_j に対して $x_i = x_j$ が成り立つことがわかる。したがって，$x \propto \mathbf{1}$ を得る。逆の証明は定理 4.1 と同様であるから省略する。♠

4.2.3 最速合意

定理 4.2 より，マルチエージェントシステム (4.4) が平均合意するためにはネットワーク G_w の連結性が必要十分であることがわかった。ここで以下の問は自然である。どのような重み w を使えば最も速く合意を達成できるであろうか。それぞれの重みを大きくすればするほど速く合意へ向かうのはもちろんである。しかし現実にはそれが難しいことも多い。そこで本項では，最速な合意を実現する重みを与えられた制約のもとで選び出す問題を考える。

まず合意の速さを調べる。式 (4.11) から，$t \to \infty$ の極限において

$$x(t) - c_1\mathbf{1} = c_2 e^{-\lambda_2 t}\xi_2 + \cdots + c_n e^{-\lambda_n t}\xi_n$$
$$\approx c_2 e^{-\lambda_2 t}\xi_2$$

が近似的に成り立つ．これより $\|x(t) - c_1\mathbf{1}\| \approx |c_2|\|\xi_2\|e^{-\lambda_2 t}$ を得る．これからマルチエージェントシステム (4.4) は速度 λ_2 で合意に至ることがわかる．以降，重み w への依存を明確にするために，λ_2 を $\lambda_2(L_w)$ と書くことにする．以下の問題を考える．

定義 4.2 （最速合意問題）

$\mathbb{R}_+^m$ の部分集合 $\mathcal{W}$ が与えられたとする．$\mathcal{W}$ に属する重み w のうち，$\lambda_2(L_w)$ を最大にするものを求めよ．

最速合意問題を数式で書くと式 (4.16) のようになる．

$$\begin{aligned}\underset{w}{\text{maximize}} \quad & \lambda_2(L_w) \\ \text{subject to} \quad & w \in \mathcal{W}\end{aligned} \tag{4.16}$$

この最適化問題における目的関数 $\lambda_2(L_w)$ は一見扱いづらそうに見えるが，じつはよい性質をもつ．そのことを示すために，対称行列に関するつぎの**補題 4.1** を思い出そう[5]）．

補題 4.1

A を n 次の実対称行列とする．$\lambda_1 \leqq \cdots \leqq \lambda_n$ を A の固有値，$u_1, \cdots, u_n$ を固有値 $\lambda_1, \cdots, \lambda_n$ に対応する A の固有ベクトルとする．このとき，任意の k に対して

$$\lambda_k = \min_{\substack{\|x\|=1 \\ x \perp u_1, \cdots, u_{k-1}}} x^\top A x$$

が成り立つ．

補題 4.1 を用いると,以下に示す基本的でかつ重要な **定理 4.3** を示すことができる[6]。

定理 4.3

集合 $\mathcal{W}$ が凸であると仮定する。このとき,関数

$$\mathcal{W} \to \mathbb{R}: w \mapsto \lambda_2(L_w) \tag{4.17}$$

は凹である。

証明 補題 4.1 と式 (4.14) より式 (4.18) が成り立つ。

$$\lambda_2(L_w) = \min_{\|x\|=1,\, \mathbf{1}^\top x=1} \sum_{\{v_i,v_j\}\in E} w_{\{v_i,v_j\}}(x_i - x_j)^2 \tag{4.18}$$

したがって,関数 $w \mapsto \lambda_2(L_w)$ は w についての線形関数の族

$$\left\{ \sum_{\{v_i,v_j\}\in E} w_{\{v_i,v_j\}}(x_i - x_j)^2 \right\}_{\|x\|=1,\, \mathbf{1}^\top x=1}$$

の下限である。したがって,関数 (4.17) は凹である。証明の詳細は章末問題【2】とする。 ♠

定理 4.3 より,最適化問題 (4.16) は凸集合の上で定義された凹関数の最大化問題,つまり,凸関数の最小化問題(**凸最適化問題**)であることがわかる。したがって最適化問題 (4.16) は,内点法などのアルゴリズムにより効率よく解くことができる。

つぎの **定理 4.4** は,最適化問題 (4.16) が凸最適化問題の中でも特殊なクラスである半正定値計画問題として定式化されることを示す[6]。

定理 4.4

最適化問題 (4.16) の解は,以下の半正定値計画問題の解と一致する。

$$\begin{aligned}&\underset{\gamma,w}{\text{maximize}} && \gamma \\ &\text{subject to} && \gamma I \preceq L_w + \frac{\mathbf{1}\mathbf{1}^\top}{n}, \quad w \in \mathcal{W}\end{aligned} \quad (4.19)$$

証明 最適化問題 (4.16) は以下の最適化問題と等価である.

$$\begin{aligned}&\underset{\gamma,w}{\text{maximize}} && \gamma \\ &\text{subject to} && \lambda_2(L_w) \geqq \gamma, \quad w \in \mathcal{W}\end{aligned}$$

したがって,任意の実数 γ に対して以下の二つの条件が同値であることを示せば定理の証明が終わる.

(1) $\lambda_2(L_w) \geqq \gamma$

(2) $L_w \succeq \gamma I - \dfrac{\mathbf{1}\mathbf{1}^\top}{n}$

条件 (1) が成り立つと仮定する.補題 4.1 より,任意の $y \perp \mathbf{1}$ に対して

$$y^\top L_w y \geqq \gamma \|y\|^2$$

が成り立つ.いま,(2) を示すために,任意に $x \in \mathbb{R}^n$ を取り $x = y + c\mathbf{1}$ と表す.ここで,y は $\mathbf{1}$ と直交するベクトルであり,$c \in \mathbb{R}$ は定数である.いま

$$\|x\|^2 = \|y\|^2 + c^2 n \quad (4.20)$$

が成り立つから,$L_w \mathbf{1} = 0$ より

$$x^\top L_w x = y^\top L_w y \geqq \gamma \|y\|^2 \quad (4.21)$$

を得る.一方,$\mathbf{1}^\top x = c\mathbf{1}^\top \mathbf{1} = cn$ より

$$x^\top \left(\gamma I - \frac{\mathbf{1}\mathbf{1}^\top}{n}\right) x = \gamma \|x\|^2 - c^2 n \quad (4.22)$$

が成り立つ.式 (4.20)〜(4.22) より,任意の $x \in \mathbb{R}^n$ に対して $x^\top L_w x \geqq x^\top \left(\gamma I - \dfrac{\mathbf{1}\mathbf{1}^\top}{n}\right) x$ を得る.つまり条件 (2) が成り立つ.逆 (2) $\Rightarrow$ (1) の証明は章末問題【3】とする. ♠

例 4.5 空手ネットワーク (図 4.2) を考える.$m = 78$ 本あるすべての辺

の重みが 1 である場合，合意プロトコル (4.5) の収束率はラプラシアン L の第二固有値 $-\lambda_2(L) = 0.47$ により与えられる．この数値例では，辺の重みの総和は変えずに収束率を最大にすることを目指す．そこで集合 $\mathcal{W}$ を

$$\left\{ w \in \mathbb{R}^{78} : \sum_{i=1}^{78} w_i = 78 \right\}$$

と定め，定理 4.4 の半正定値計画問題 (4.19) を解く．最適化により，収束率は $-\lambda_2(L_w) = 0.9258$ へ改善する．最適化前と最適化後の合意の様子を比較する．頂点の初期状態をランダムに 50 個生成し，最適化前のプロトコル (4.5) と最適化した重みを用いたプロトコル (4.4) それぞれで合意を行う．ここで，それぞれの初期状態は，初期時刻における合意誤差 $\|x(0) - (\mathbf{1}^\top x(0)/n)\mathbf{1}\|$ が 1 になるように正規化する．合意誤差 $e(t) = \|x(t) - (\mathbf{1}^\top x(0)/n)\mathbf{1}\|$ のグラフを図 4.12 に示す．重みの最適化による収束速度の向上を確認できる．

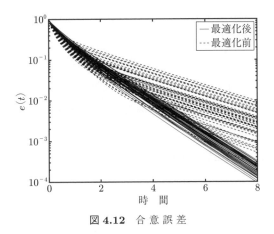

図 4.12 合意誤差

最適な重みを図 4.13 に図示する．辺の重みが大きければ大きいほど，線の太さが大きい．これを，ヒューリスティックスに基づく重みと比較する．正規化した次数を

$$\tilde{d}_i = \frac{d_i}{\sum_{i=1}^n d_i}$$

図 4.13 最適な重み

図 4.14 次数に基づく重み

で定める.そしてそれぞれの辺 $\{v_i, v_j\}$ の重みを $\tilde{d}_i + \tilde{d}_j + \varepsilon$ に比例するように選んでみる.この重みの選び方は,次数が大きい頂点のほうが重要であり,かつ,重要な頂点につながる辺の重みは大きいべきであるという直観を用いている.また,定数 $\varepsilon = 0.05$ は辺の重みが 0 となってしまわないように加えている.得られた重みを図 4.14 に図示する.最適な重みと比べてメリハリがないことがわかる.次数に基づく重みによる収束速度は 0.5035 であり,もともとと比べてよくはなっているが,最適な重みに比べるとあまりよくない.次数を近接中心性や媒介中心性と呼ばれる頂点の重要さの尺度(詳細は 4.3 節を参照)に置き換えて同じ操作をする.重みを図 4.15 と図 4.16 に示す.収束速度はそれぞれ 0.4764 と 0.5558 である.やはり最適な重みと比べるとあまりメリハリがなく,かつ収束速度は遅い.以上より最適解の有効性を確認できる.

図 4.15 近接中心性に基づく重み

図 4.16 媒介中心性に基づく重み

4.3 中心性の制御

4.2 節の最速合意問題は凸最適化問題に帰着され，効率よく解くことができた．しかし，与えられた制御問題によっては，そのような効率のよい解法が得られない状況も考えられる．直観的・試行錯誤的な手法で解を与えざるを得ないかもしれない．そのような手法の一つに，ネットワークの「中心」にできるだけ働き掛けようとすることがある．というのも，直観的には，枝葉に働き掛けるより「重要」な頂点に働き掛けるほうが制御の効率がよさそうだからである．このような戦略を取るときに有用なのが，4.2 節の例 4.5 で触れたネットワークの**中心性**[2] の概念である．

粗くいうと，中心性とは頂点がネットワークの「中心」である度合いである．頂点の「重要さ」の指標ともいえる．例えばウェブページの全体を，ウェブページを頂点，リンクを辺と見なすことでネットワークだと見なす．ウェブページの中心性を計算できれば，膨大にあるウェブページから重要なものを特定できるようになる．この目的のために Google の創業者により開発された中心性である**ページランク（PageRank）**は非常に有名である．ほかにも，社会ネットワークにおける重要人物や，インフラネットワークにおける重要な設備の特定などに中心性は応用をもつ．

4.3.1 さまざまな中心性

多くの中心性がこれまでに定義されてきたが，本項ではそれらの中でも代表的な 5 個の中心性を紹介する．

（1）**次数中心性** 頂点 v_i の次数 d_i を，v_i の**次数中心性**と呼ぶ．最も単純な中心性である．次数中心性は単純でかつ計算しやすくはあるが，若干安直に過ぎる場合もある．例えば図 **4.17** のような人工的なネットワークを考えよう[7]．頂点 v_1 が一番大きい次数中心性をもつ．しかしながら，この頂点がネットワークの「中心」にあると断言できるかというと疑問が残る．というのも，頂

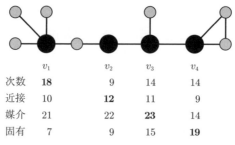

図 4.17 四つの中心性

点 v_1 の次数は確かに最大ではあるが,その隣接する頂点のほとんどが枝葉末節だからである。理論的にも,この次数中心性は各頂点の近傍にしか着目していないため,グラフ全体における頂点の重要さを測るには不十分であってもおかしくはない。

(**2**) **近接中心性** 近接中心性は,自分が他人まで平均的にどれくらい近いかにより定義される。ネットワークが連結であると仮定し,任意の異なる頂点 v_i と v_j に対して距離 $d(v_i, v_j)$ を v_i から v_j までの最短の歩道の長さとする。そして v_i からほかの頂点への距離の平均を

$$L_i = \frac{\sum_{j \neq i} d(v_i, v_j)}{n-1}$$

とする。このとき頂点 v_i の**近接中心性**は

$$c_i = \frac{1}{L_i}$$

により定義される。

(**3**) **媒介中心性** 媒介中心性は,自身がネットワークにおいて他者を橋渡しする度合いを表す。任意の異なる頂点 x と y に対して,σ_{xy} を x から y までの最短路の数とする。それら最短路のうち頂点 v を通る道の総数を $\sigma_{xy}(v)$ とする。このとき,頂点 v_i の媒介中心性は

$$b_i = \sum_{\substack{v_k, v_\ell \in V \\ v_k \neq v_i,\, v_\ell \neq v_i,\, v_k \neq v_\ell}} \frac{\sigma_{v_k, v_\ell}(v_i)}{\sigma_{v_k, v_\ell}}$$

により定義される。つまり,ネットワークに存在する最短路のうち自らを経由

するものが多ければ多いほど，その頂点の媒介中心性は大きい。

（4）**固有ベクトル中心性**　近接中心性や媒介中心性はグラフにおける最短路を用いて定義される。一方，**固有ベクトル中心性**はそのようなグラフ特有の概念ではなく，隣り合う頂点の中心性がもつべき性質から出発する。

固有ベクトル中心性のアイディアは「重要な頂点に隣接している頂点はまた重要である」というものである。具体的には，ある頂点 v_i の固有ベクトル中心性 $e_i \geqq 0$ は，隣接する頂点の固有ベクトル中心性の総和に比例すると仮定する。これを数式で表すと式 (4.23) のようになる。

$$e_i = \alpha \sum_{j=1}^{n} e_j \tag{4.23}$$

ここで，α は正の定数であり，隣接する頂点の重要さが自らにどの程度反映されるかを表す。

いま，ベクトル e を $e = [e_1 \cdots e_n]^\top$ で定めると，隣接行列 A に対して $\alpha A e = e$ が成り立つ。この方程式を書き換えると，固有値方程式

$$Ae = \alpha^{-1} e$$

を得る。定数 α は正であると仮定していたから，α^{-1} も正である。また，ベクトル e の要素はすべて非負である。したがって Perron-Frobenius の定理[5]より，ベクトル e は A の最大実固有値 $\lambda_{\max}(A)$ に対応する固有ベクトルであることがわかる。このため e_i は固有ベクトル中心性と呼ばれる。また，上記の議論から，α の値は $1/\lambda_{\max}(A)$ でなければならないこともわかる。

図 4.17 のグラフを再度考える。以上で見た4個の中心性をすべての頂点について計算し，最も大きい中心性をもつ頂点を見つける。大きい丸で示した頂点 v_1, v_2, v_3, v_4 はそれぞれ一番大きい次数中心性，近接中心性，媒介中心性，固有ベクトル中心性をもつ。まったく異なる頂点が選ばれていることに注目する。それでも，次数中心性よりは，ほかの中心性のほうがより重要な頂点を選び出しているように見える。グラフの下に，総和を 100 に正規化した中心性を示す（小数点以下は四捨五入してある）。

（5）カッツ中心性　固有ベクトル中心性は万能ではない。問題が生じる場合の一つにグラフが連結ではない場合がある。図 4.7 のネットワークを再度考える。このネットワークの隣接行列はブロック対角行列であり

$$A = \begin{bmatrix} A_1 & O \\ O & A_2 \end{bmatrix}, \quad A_1 = \begin{bmatrix} 0 & 1 & 1 \\ 1 & 0 & 1 \\ 1 & 1 & 0 \end{bmatrix}, \quad A_2 = \begin{bmatrix} 0 & 1 & 1 \\ 1 & 0 & 0 \\ 1 & 0 & 0 \end{bmatrix}$$

により与えらえる。行列 A_1 は A_2 より大きい最大実固有値 $\lambda_{\max}(A_1) = 2$ をもつため $\lambda_{\max}(A) = \lambda_{\max}(A_1) = 2$ である。また，対応する A の固有ベクトルは

$$\xi = \begin{bmatrix} 1 & 1 & 1 & 0 & 0 & 0 \end{bmatrix}^\top$$

である。これより頂点 v_4, v_5, v_6 の固有ベクトル中心性は 0 となってしまうが，これは直観に反する。

以上の問題を解決するためにカッツ（**Katz**）**中心性**では，すべての頂点に「下駄」を履かせる。頂点 v_i のカッツ中心性を k_i とする。各頂点の中心性の最小値を保証するために，固有ベクトル中心性の式 (4.23) の右辺に定数 $\beta > 0$ を一律に加えると

$$k_i = \alpha \sum_{j=1}^{n} (a_{ij} k_j) + \beta \tag{4.24}$$

となる。ここで，α と β は正のパラメータである。この式 (4.24) より，カッツ中心性からなるベクトル $k = [k_1 \cdots k_n]^\top$ についての方程式 $k = \alpha A k + \beta \mathbf{1}$ を得る。行列 $I - \alpha A$ が可逆となるように $\alpha > 0$ を選べば

$$k = \beta (I - \alpha A)^{-1} \mathbf{1} \tag{4.25}$$

が得られる。

行列 $I - \alpha A$ はどのような条件で可逆であろうか。代わりに行列 $-(I - \alpha A) = \alpha A - I$ に着目すると，この行列は**メツラー行列**（Metzler matrix）である。し

たがって，この行列が可逆であるためには，その最大実固有値 $\lambda_{\max}(\alpha A - I) = \alpha \lambda_{\max}(A) - 1$ が負であることが十分である．これから，式 (4.25) における逆行列が存在するための十分条件 $\alpha < 1/\lambda_{\max}(A)$ が得られる．

4.3.2 幾何計画問題

つぎの 4.3.3 項では中心性の制御/最適化について述べるが，本項では，そのときに必要となる**幾何計画問題**（geometric program）について述べる．幾何計画問題[8)]はある広いクラスの最適化問題であり，凸最適化問題への変換を介して容易に解くことができるという特徴をもつ．幾何計画問題をすでに知っている読者は，本項を飛ばしてもよい．

幾何計画問題で重要な役割を果たすのが**単項式**（monomial）および**正多項式**（posynomial）と呼ばれる関数である．正のスカラー変数 $x_1, \cdots, x_n$ を考える．変数の組 $x = (x_1, \cdots, x_n)$ を定める．関数 $g(x)$ が単項式であるとは，定数 $c \geq 0$ と $\alpha_1, \cdots, \alpha_n \in \mathbb{R}$ が存在し，$g(x) = c x_1^{\alpha_1} \cdots x_n^{\alpha_n}$ が成り立つことをいう．例えば，$x_1 x_2^{-1}$ や $\pi x_1^{1.2} x_2 x_3^{-1/e}$ は単項式である．つぎに関数 $f(x)$ が正多項式であるとは，関数 $f(x)$ が単項式の有限和であることをいう．

正多項式 $f_0, f_1, \cdots, f_p$ と単項式 $g_1, \cdots, g_q$ が与えられたとする．このとき，以下のような最適化問題

$$\begin{aligned}
&\text{minimize} \quad f_0(x) \\
&\text{subject to} \quad f_i(x) \leq 1, \quad i = 1, \cdots, p \\
&\phantom{\text{subject to}} \quad g_j(x) = 1, \quad j = 1, \cdots, q
\end{aligned} \quad (4.26)$$

を**幾何計画問題**と呼ぶ．例えば，以下の最適化問題は幾何計画問題である．

$$\begin{aligned}
&\text{minimize} \quad xyz^2 + x^{-1}z \\
&\text{subject to} \quad 3xz + \frac{1}{2}x^{-2}z^2 \leq 1 \\
&\phantom{\text{subject to}} \quad yz \leq 1 \\
&\phantom{\text{subject to}} \quad x + y + 2z = 1
\end{aligned}$$

幾何計画問題を解く鍵は変数変換

$$y_i = \ln x_i \tag{4.27}$$

であり，これにより，幾何計画問題 (4.26) と等価な最適化問題が得られる．

$$\begin{aligned}
&\text{minimize} \quad \ln f_0(e^y) \\
&\text{subject to} \quad \ln f_i(e^y) \leqq 0, \quad i = 1, \cdots, p \\
&\qquad\qquad\quad \ln g_j(e^y) = 0, \quad j = 1, \cdots, q
\end{aligned}$$

ここで，$y = y_1, \cdots, y_n$ は実変数であり，e^y は要素ごとの指数関数 $e^y = (e^{y_1}, \cdots, e^{y_n})$ を表している．正多項式と単項式の定義より，じつはこの最適化問題は凸であり，そのため容易に解くことができる[8])．

つぎの 4.3.3 項で必要となるので，幾何計画問題を拡張した**一般化幾何計画問題**（generalized geometric program）にも触れる．正多項式の和，積，最大値，あるいは不冪の累乗をとって得られる関数を**一般化正多項式**（generalized posynomial）と呼ぶ．一般化正多項式 $f_0, f_1, \cdots, f_p$ と単項式 $g_1, \cdots, g_q$ が与えられたとする．このとき，式 (4.26) と同様の以下のような最適化問題

$$\begin{aligned}
&\text{minimize} \quad f_0(x) \\
&\text{subject to} \quad f_i(x) \leqq 1, \quad i = 1, \cdots, p \\
&\qquad\qquad\quad g_j(x) = 1, \quad j = 1, \cdots, q
\end{aligned}$$

を一般化幾何計画問題と呼ぶ．一般化幾何計画問題もやはり，変数変換 (4.27) を通じて凸最適化問題に帰着する．

4.3.3 中心性の最適化

ウェブページの管理者にとって，自分のページが検索エンジンの上部に掲載されるか否かは死活問題である．上部に掲載されるためには PageRank のような中心性を高める必要がある．単純な方法に，自分のページへ張られるリンクを増やすことがある．このような行為はしばしばサーチエンジン最適化とも呼

ばれる.この文脈で,以下の問題は自然である.決まった予算と達成したい中心性があるとして,どのウェブページから何本のリンクを自分のウェブページへ張れば,目標とする中心性を達成できるであろうか.この問題は,中心性の最適化問題として定式化できる.文献 9) では PageRank を最適化する系統化された手法が提案されているが,数学的に高度な取扱いを要する.そこで代わりに本項では,カッツ中心性の最適化問題を取り扱う[10]).

ネットワーク $G = (V, E)$ が与えられたとする.カッツ中心性を高くしたい頂点を v_i とする.目標は,ネットワーク G に辺を加えて,与えられた頂点 v_i が,ほかのどの頂点よりも大きいカッツ中心性をもつようにすることである.加える辺の集合を ΔE,辺を加えた後のネットワークを $G' = (V, E \cup \Delta E)$,$G'$ におけるカッツ中心性を k' とする.任意の $j \neq i$ について

$$k'_i \geq k'_j \tag{4.28}$$

が成り立つような辺集合 ΔE を求めるのが目標である.

以上の問題は**組合せ最適化問題**(combinatorial optimization)であるから,直接解くのは難しい.そこで以下のように問題を修正する.まず,条件 (4.28) が

$$k'_i \geq \max_{j \neq i} k'_j \tag{4.29}$$

と同値であることに着目する.そして,不等式 (4.29) が成り立つことを直接目指すのではなく,その右辺 $\max_{j \neq i} k'_j$ をできるだけ小さく抑えることで満足することにする.また,組合せ最適化から生じる組合せ爆発を回避するため,辺を加える/加えないではなく,連続量である辺の重みを操作する問題とする.いま,辺 $\{v_i, v_j\} \notin E$ の重みを $w_{\{v_i, v_j\}}$ に設定するためのコストが $c(w_{\{v_i, v_j\}})$ であると仮定する.そして以下の最適化問題を考える.

$$\begin{aligned}
& \text{minimize} && \max_{j \neq i} k'_j \\
& \text{subject to} && \sum_{\{v_i, v_j\} \notin E} c(w_{\{v_i, v_j\}}) = B \\
& && \varepsilon \leq w_{\{v_i, v_j\}} \leq 1
\end{aligned} \tag{4.30}$$

ここで，$\varepsilon > 0$ は十分小さい正の数であり，幾何計画問題の枠組みを用いるために導入している。

以下の**定理 4.5** は，この問題がある一般化幾何計画問題と等価であることを示す（証明の詳細は文献 10) を参照していただきたい）。

定理 4.5

ある正多項式 f と定数 c_0 が存在し

$$c(w) = c_0 - f(w)$$

が成り立つと仮定する。m を G における辺の数とする。最適化問題 (4.30) の解は以下の一般化幾何計画問題により与えられる。

$$\begin{aligned}
&\text{minimize} && \max_{j \neq i} k'_j \\
&\text{subject to} && \sum_{\{v_i, v_j\} \notin E} f(w_{\{i,j\}}) \leq -B + \left[\frac{n(n-1)}{2} - m\right] c_0 \\
& && \varepsilon \leq w_{\{v_i, v_j\}} \leq 1
\end{aligned}$$

$$\tag{4.31}$$

数値例を見よう。空手ネットワークを考え，このネットワークにおいて最も高いカッツ中心性をもつノード（v_1 とする），および二番目に高いカッツ中心性をもつノード（v_2）を中心性の操作の対象とする。予算 B は $B = 20$ とする。式 (4.31) の一般化幾何計画問題を解き，最適な重みを得る。ただし，この数値例では，重みが 1.5ε 以下の辺は重要性が低いと見なし，その重みを 0 に変更している。ノード v_1 を最適化の対象としたときの様子を図 **4.18** (a), (b) に示す。これらの図はそれぞれ，ネットワークに追加する枝と，枝の追加による中心性の変化を示している。二番目に重要だったノード v_2 の中心性を抑えつつ，v_1 の中心性を大きくすることに成功している。ノード v_2 を最適化の対象としたときの様子を図 **4.19** (a), (b) に示す。この場合には，ノード v_2 を最も重要とすることができている。

 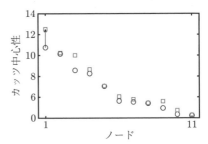

(a) 中心性の操作 　　　　　(b) 中心性の変化（上位10ノード）

実線：追加の枝，破線：もともとのネットワーク，星印(☆)：頂点 v_1

丸印(○)：操作前，四角印(□)：操作後

図 4.18　ノード v_1 を最適化の対象としたときの様子

 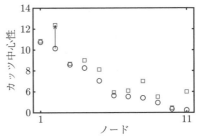

(a) 中心性の操作 　　　　　(b) 中心性の変化（上位10ノード）

実線：追加の枝，破線：もともとのネットワーク，星印(☆)：頂点 v_2

丸印(○)：操作前，四角印(□)：操作後

図 4.19　ノード v_2 を最適化の対象としたときの様子

4.4　伝播の制御（1）：最適資源配置

　複雑ネットワークで起きる動的な現象の中で，合意と並んで重要なのが**伝播**（spread）である．例として，社会ネットワークにおける感染症の流行，電力網における故障の連鎖，あるいは航空網を介した遅延の拡大などが挙げられる．本節とつぎの 4.5 節では，複雑ネットワークにおける伝播の抑え込み問題に焦点を当てる．

4.4.1 抑え込み問題

ネットワーク上の伝播の数理モデルは数多い[11]。最も簡単なモデルの一つが Susceptible-Infected-Susceptible モデル（SIS モデル）である。このモデルにおいてそれぞれの頂点は，「感受性者」(susceptible)，すなわち「感染」（例えば，病気に感染する，情報を受け取るなど）する可能性のある者と「感染者」(infected) のいずれかの状態を各時刻において取る。本書では連続時間の場合を考える。SIS モデルは以下の二つのダイナミクスにより時間発展する。一つは伝染である。任意の感染者は，ネットワークで隣接する感受性者 i を $\beta_i > 0$ の率で感染させる。β_i を**感染率**（infection rate）と呼ぶ。もう一つは治癒である。感染している頂点 v_i は，$\delta_i > 0$ の率で感染から回復し，感受性者となる。δ_i を**治癒率**（recovery rate）と呼ぶ。離散時間の場合の SIS モデルも同様に定義される。SIS モデルにおいて，治癒した頂点は再び感染の可能性に曝されることに注意する。特に伝染病の伝播を考える場合，SIS モデルは免疫の効果が無視できるような場合を扱うのに適している†。

上記のモデルを以下のように数式で記述する。頂点 v_i の状態を表す二値変数を

$$x_i(t) = \begin{cases} 0, & v_i \text{ は時刻 } t \text{ において感受性者} \\ 1, & v_i \text{ は時刻 } t \text{ において感染者} \end{cases} \quad (4.32)$$

で定める。また，$p_i(t)$ を頂点 v_i が時刻 t において感染者である確率とする。以上二つの変数の間には

$$p_i(t) = E[x_i(t)] \quad (4.33)$$

の関係がある。感染確率からなるベクトル変数

$$p(t) = \begin{bmatrix} p_1(t) \\ \vdots \\ p_n(t) \end{bmatrix}$$

---

† 免疫を考慮するには，例えば Susceptible-Infected-Recovered モデル（SIR モデル）と呼ばれるモデル[11]を用いる必要がある。

を定める.本節では感染確率の 0 への減衰率を抑制方策の性能指標とする(定義 4.3).

定義 4.3 (減衰率)

定数
$$\gamma = -\sup_{x(0)\in\{0,1\}^n} \limsup_{t\to\infty} \frac{\ln\|p(t)\|}{t} \tag{4.34}$$

を SIS モデルの**減衰率** (attenuation rate) と呼ぶ.

以下の資源配分問題を考える.まず,伝播抑制に使える予算が決められているとする.この予算は,頂点の伝染率の低減あるいは治癒率の上昇に使えるものとする.具体的には,頂点 v_i の伝染率を β_i とするのに $f_i(\beta_i)$ の費用がかかり,一方,治癒率を δ_i とするのには $g(\delta_i)$ の費用が必要であると仮定する.したがって,伝染率と治癒率の組 $(\beta_i, \delta_i)_{v_i\in V}$ をネットワーク全体で達成するのに必要なコストは

$$C = \sum_{i=1}^n [f_i(\beta_i) + g_i(\delta_i)]$$

である.この総コストは,予算 $\bar{C} > 0$ に対して

$$C \leq \bar{C} \tag{4.35}$$

を満たす必要がある.また,生物学的な限界を考慮して,伝染率と治癒率に対して以下のような区間制約

$$\underline{\beta}_i \leq \beta_i \leq \bar{\beta}_i \tag{4.36a}$$

$$\underline{\delta}_i \leq \delta_i \leq \bar{\delta}_i \tag{4.36b}$$

もおく.ここで $\underline{\beta}_i$, $\bar{\beta}_i$, $\underline{\delta}_i$, $\bar{\delta}_i$ は与えられた正の定数である.以上の設定のもとで,減衰率を与えられた目標 $\bar{\gamma} > 0$ より大きくすることを目的とする.すなわち

$$\gamma > \bar{\gamma} \tag{4.37}$$

が成り立つことを目指す．以上を**資源配分問題**（resource allocation problem）と呼び，以下のようにまとめる（定義 4.4）．

定義 4.4 （資源配分問題）

予算制約 (4.35)，区間制約 (4.36)，そして性能要件 (4.37) を同時に満たす伝染率と治癒率の組 $(\beta_i, \delta_i)_{v_i \in V}$ を求めよ．

4.4.2 線形システムによる上界

資源配分問題を直接解くのは，以下で述べる理由のため難しい．SIS モデルにおいて各頂点の状態 x_i は，過去の状態とは関係なく，現在の時刻の状態のみに依存して確率的に時間変化していく．このことから，SIS モデルは**マルコフ過程**（Markov process）と呼ばれる最も基礎的な確率過程であることがわかる．特に減衰率は，マルコフ過程の**遷移確率行列**（transition probability matrix）の固有値と密接な関係をもつことが知られている[12]．遷移確率行列の固有値を $\lambda_1, \cdots, \lambda_N$ としたとき

$$\gamma = -\max_{\lambda_i \neq 0} \operatorname{Re} \lambda_i \tag{4.38}$$

が成り立つ．しかし，この表現を用いて減衰率を計算するのは難しい．というのも，マルコフ過程の状態空間 $\{0,1\}^n$ の大きさ 2^n が n について指数的に増大するからである．例えば，非常に小さいネットワークである空手ネットワーク（図 4.2 参照）の場合ですら，状態空間の大きさ $2^{38} > 10^{13}$ は膨大である．

以下では，この困難さを回避するための手法を述べる．感染確率のダイナミクスを上から抑えるような線形システムを導出する．まず，頂点の変数 x_i が下記の確率に従って変化していくことに着目する．

$$P(x_i(t+h) = 1 \mid x_i(t) = 0) = \beta_i \sum_{v_k \in \mathcal{N}_i} x_k(t)\, h + o(h) \tag{4.39}$$

$$P(x_i(t+h) = 0 \mid x_i(t) = 1) = \delta_i h + o(h) \tag{4.40}$$

ここで，一番目の式は感染を，二番目の式は治癒を表す。

そしていま，正の数 λ に対して，N_λ を率 λ の**ポアソンカウンタ**（Poisson counter）とする[13]。すると SIS モデルの定義により，頂点 v_i の状態は確率微分方程式

$$dx_i = -x_i dN_{\delta_i} + (1 - x_i) \sum_{v_k \in \mathcal{N}_i} x_k dN_{\beta_i} \tag{4.41}$$

に従って変化することがわかる。式 (4.41) の意味を説明する。まず $x_i = 0$，つまり頂点が感受性者であるとき，確率微分方程式 (4.41) は $dx_i = \sum_{v_k \in \mathcal{N}_i} x_k dN_{\beta_i}$ となる。したがって，状態 x_i が率 $\beta_i \sum_{v_k \in \mathcal{N}_i} x_k$ で増加し，これは遷移確率 (4.39) と整合する。一方 $x_i = 1$，つまり頂点 v_i が感染者である場合に確率微分方程式 (4.41) は $dx_i = -dN_{\delta_i}$ となり，これは x_i の値が率 δ_i で減ること（つまり遷移確率 (4.40)）に相当する。

式 (4.41) において期待値を取ることで，微分方程式

$$\frac{d}{dt} E[x_i] = -\delta_i E[x_i] + \beta_i \sum_{v_k \in \mathcal{N}_i} E[(1 - x_i) x_k]$$

が得られる。右辺に現れる高次項を

$$\varepsilon_i(t) = \beta_i \sum_{v_k \in \mathcal{N}_i} E[x_i(t) x_k(t)] \tag{4.42}$$

とまとめて，さらに式 (4.33) の関係を用いると

$$\frac{dp_i}{dt} = -\delta_i p_i + \beta_i \sum_{v_k \in \mathcal{N}_i} p_k(t) - \varepsilon_i(t) \tag{4.43}$$

を得る。ベクトル ε および行列 B と D を

$$\varepsilon = \begin{bmatrix} \varepsilon_1 \\ \vdots \\ \varepsilon_n \end{bmatrix}, \quad B = \mathrm{diag}(\beta_1, \cdots, \beta_n), \quad D = \mathrm{diag}(\delta_1, \cdots, \delta_n) \tag{4.44}$$

により定める。すると式 (4.43) より

$$\frac{dp}{dt} = (BA - D)p - \varepsilon \tag{4.45}$$

が従う。この微分方程式から減衰率の下限が得られる[14]（補題 4.2）。

補題 4.2

次式が成り立つ。

$$\gamma \geqq -\lambda_{\max}(BA - D) \tag{4.46}$$

証明 微分方程式 (4.45) を解くと

$$p(t) = e^{(BA-D)t}p(0) - \int_0^t e^{(BA-D)(t-\tau)}\varepsilon(\tau)\,d\tau \tag{4.47}$$

を得る。いま、$BA-D$ はメツラー行列であるから、その指数関数行列 $e^{(BA-D)(t-\tau)}$ は非負行列である。また、式 (4.42) より、ベクトル値の関数 ε もつねに非負の値を取る。したがって、(4.47) より $p(t) \leqq e^{(BA-D)t}p(0) \leqq e^{(BA-D)t}\mathbf{1}$ を得る。この不等式は、感染確率 $p(t)$ の 0 への収束が少なくとも $-\lambda_{\max}(BA-D)$ の率で起きることを示す。 ♠

4.4.3 幾何計画問題への帰着

補題 4.2 より、性能要件 (4.37) が満たされるためには

$$-\lambda_{\max}(BA - D) > \bar{\gamma} \tag{4.48}$$

が十分である。しかし、行列 $BA-D$ は対称ではないため、例えば補題 4.1 にあるような有用な性質をもたない。しかし Perron-Frobenius の定理に基づく以下の**補題 4.3**[5]が役に立つ。

補題 4.3

M をメツラー行列、μ を非負の実数とする。以下の条件は同値である。

(1) $\lambda_{\max}(M) < -\mu$

(2) 正のベクトル v が存在し，$Mv < -\mu v$ が成り立つ．

補題 4.3 より，条件 (4.48) の成立を確認するためには以下の条件を満たす正のベクトル v を見つければよい．

$$(BA - D)v < -\bar{\gamma}v \tag{4.49}$$

この制約を各要素ごとに書くと

$$\beta_i \sum_{j=1}^n (a_{ij}v_j) - \delta_i v_i < -\bar{\gamma}v_i \tag{4.50}$$

を得る．いま，$\bar{\delta}$ より大きい定数 $\hat{\delta}$ を取る．式 (4.50) の両辺に $\hat{\delta}_i v_i + \bar{\gamma} v_i$ を足すと

$$\beta_i \sum_{j=1}^n (a_{ij}v_j) + \tilde{\delta}_i v_i + \bar{\gamma}_i v_i < \hat{\delta} v_i \tag{4.51}$$

を得る．ただし

$$\delta_i^{(c)} = \hat{\delta} - \delta_i \tag{4.52}$$

とした．式 (4.51) の両辺を $\hat{\delta} v_i$ で割ると

$$\hat{\delta}^{-1} v_i^{-1} \beta_i \sum_{j=1}^n (a_{ij}v_j) + \hat{\delta}^{-1}\tilde{\delta}_i + \hat{\delta}^{-1}\bar{\gamma}_i < 1 \tag{4.53}$$

という制約が得られる．この左辺は変数 $\beta_i, \hat{\delta}_i, v_i$ について正多項式であるから，幾何計画問題の枠組みと相性がよい．

変数変換 (4.52) に伴い，以下の準備をする．任意の g_i に対して，関数

$$g_i^{(c)} : \tilde{\delta} \mapsto g(\hat{\delta} - \tilde{\delta}) \tag{4.54}$$

を定める．この関数は

$$g_i(\delta_i) = g_i^{(c)}(\delta_i^{(c)}) \tag{4.55}$$

を満たす。また，制約 (4.36b) より，$\delta_i^{(c)}$ は

$$\underline{\delta}_i^{(c)} \leq \delta_i^{(c)} \leq \bar{\delta}_i^{(c)} \tag{4.56}$$

を満たさなければならない。ただし

$$\begin{aligned}\underline{\delta}_i^{(c)} &= \hat{\delta} - \bar{\delta} \\ \bar{\delta}_i^{(c)} &= \hat{\delta} - \underline{\delta}\end{aligned} \tag{4.57}$$

とした。

この事実を用いると以下の**定理 4.6** を証明することができる[15]。

定理 4.6

以下の制約充足問題を $(\beta_i, \delta_i^{(c)})_{1 \leq i \leq n}$ が満たすと仮定する。

$$\hat{\delta}^{-1} v_i^{-1} \beta_i \sum_{j=1}^{n} a_{ij} v_j + \hat{\delta}^{-1} \tilde{\delta}_i + \hat{\delta}^{-1} \bar{\gamma}_i < 1 \tag{4.58a}$$

$$\frac{\beta_i}{\bar{\beta}_i} \leq 1, \quad \frac{\beta_i^{-1}}{\underline{\beta}_i} \leq 1 \tag{4.58b}$$

$$\frac{\delta_i}{\bar{\delta}_i^{(c)}} \leq 1, \quad \frac{\delta_i^{-1}}{\underline{\delta}_i^{(c)}} \leq 1 \tag{4.58c}$$

$$\bar{C}^{-1} \sum_{i=1}^{n} [f_i(\beta_i) + g_i^{(c)}(\delta_i)] \leq 1 \tag{4.58d}$$

このとき，資源配分問題の解は伝染率と治癒率の組 $(\beta_i, \hat{\delta} - \delta_i^{(c)})_{1 \leq i \leq n}$ により与えられる。さらに，もし関数 $f_1, \cdots, f_n, g_1^{(c)}, \cdots, g_n^{(c)}$ が正多項式であるならば，式 (4.58) の制約はすべて正多項式制約である。

| 証明 | ある $(\beta_i, \delta_i^{(c)})_{1 \leq i \leq n}$ が制約 (4.58) を満たすと仮定する。上述の議論より，制約 (4.58a) は性能要件 (4.37) の十分条件である。また，制約 (4.58b)，(4.58c) および (4.58d) は，それぞれ区間制約 (4.36) および予算制約 (4.35) と同値である。したがって，制約 (4.58) は，治癒率と伝染率の組 $(\beta_i, \delta_i)_{1 \leq i \leq n}$ が資源配分問題の解であるための十分条件である。

定理の後半の証明に移る.制約 (4.58a)〜(4.58c) は明らかに正多項式制約である.また,費用関数 $f_1, \cdots, f_n, g_1^{(c)}, \cdots, g_n^{(c)}$ が正多項式であれば,和 $\sum_{i=1}^{n}[f_i(\beta_i) + g_i^{(c)}(\delta_i)]$ も正多項式であるから,制約 (4.58d) も正多項式制約である. ♠

定理 4.6 により,もし費用関数がすべて正多項式であれば,式 (4.27) のような変数変換を通じて,資源配分問題を凸の制約充足問題に帰着することができる.また,定理 4.6 を用いることで,さまざまな最適資源配分問題に対する準最適解を,幾何計画問題の枠組みを用いて効率的に求めることができる.以下ではいくつか例を挙げる(**例 4.6**,**例 4.7**).

例 4.6 (**最小費用での最適資源配分問題**) つぎの問題を考える.

区間制約 (4.36) と性能要件 (4.37) を同時に満たす伝染率と治癒率の組 (β_i, δ_i) のうち,総コスト C を最小にするものを求めよ.

いま,組 $(\beta_i^\star, \delta_i^{(c)\star})$ を幾何計画問題

$$\text{minimize} \quad C \quad \text{subject to} \quad (4.58)$$

の解とする.このとき,伝染率と治癒率の組 $(\beta_i^\star, \hat{\delta} - \delta_i^{(c)\star})$ は上記問題の準最適解を与える.

例 4.7 (**費用制約のもとでの最適資源配置問題**) つぎの問題を考える.

区間制約 (4.36) と予算制約 (4.35) を同時に満たす伝染率と治癒率の組 (β_i, δ_i) のうち,減衰率を最大とするものを求めよ.

いま,組 $\{\beta_i^\star, \delta_i^{(c)\star}\}$ を幾何計画問題

$$\text{minimize} \quad \frac{1}{\gamma}$$
$$\text{subject to} \quad (4.58)$$

の解とする.このとき,伝染率と治癒率の組 $\{\beta_i^\star, \hat{\delta} - \delta_i^{(c)\star}\}$ は上記問題の準最適解を与える.γ の最大化と $1/\gamma$ の最小化が同値であること,また $1/\gamma$

が γ について正多項式であることに注意する。

4.4.4 数 値 例

空手ネットワーク（図 4.2 参照）を考える。パラメータ $\underline{\delta}$ と $\bar{\beta}$ を $\underline{\delta} = 0.05$, $\bar{\beta} = \underline{\delta}/\lambda_{\max}(A)$ とする。これらの値を，頂点に資源を配分しない場合（制御前）の治癒率と伝染率と見なす。したがって，資源を配分しないとき，$\lambda_{\max}(BA-D) = \bar{\beta}\lambda_{\max}(A) - \underline{\delta} = 0$ となり，式 (4.46) は自明な下界しか与えない。そして，資源を最大まで配分したときに，伝染率と治癒率の値を 2 割改善できると仮定する。つまり

$$\underline{\beta} = (0.8)\bar{\beta}, \quad \bar{\delta} = (1.2)\underline{\delta}$$

とする。費用関数は

$$f(\beta) = c_1 + \frac{c_2}{\beta^q}, \quad g(\delta) = c_3 + \frac{c_4}{(\hat{\delta} - \delta)^r} \tag{4.59}$$

とする。ここで，$\hat{\delta}, q, r$ は正のパラメータであり，費用関数の形を調整するのに使うことができる。定数 $c_1, \cdots, c_4$ は費用関数を $f(\underline{\beta}) = 1$, $f(\bar{\beta}) = 0$, $g(\underline{\delta}) = 0$, $g(\underline{\delta}) = 1$ と正規化するものとする。したがって，例えば任意の頂点が $(\beta_i, \delta_i) = (\bar{\beta}, \underline{\delta})$ のときは $R = 0$ である。一方，任意の頂点が $(\beta_i, \delta_i) = (\underline{\beta}, \bar{\delta})$

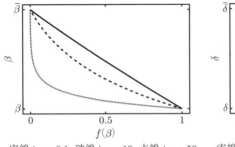

実線：$q = 0.1$, 破線：$q = 10$, 点線：$q = 50$

(a) 伝染率の費用関数 (f)

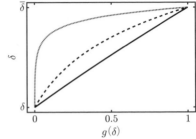

実線：$r = 0.1$, 破線：$r = 10$, 点線：$r = 50$

(b) 治癒率の費用関数 (g)

図 4.20 伝染率および治癒率の費用関数

のときは $R = 2n$ である。いくつかの q と r の値に対する費用関数のグラフを図 **4.20** に示す。ただし，$\hat{\delta} = 2\bar{\delta}$ としている。

以上のパラメータを用いて，最適資源配置問題を解く。得られた最適投資を図 **4.21**（感染率）と図 **4.22**（治癒率）に示す。達成される減衰率は $\lambda = 0.0171$ である。ネットワークの「内側」にある頂点へ重点的に投資が行われていることがわかる。つぎに，得られた最適投資を中心性と比較する。図 **4.23** に 4 種

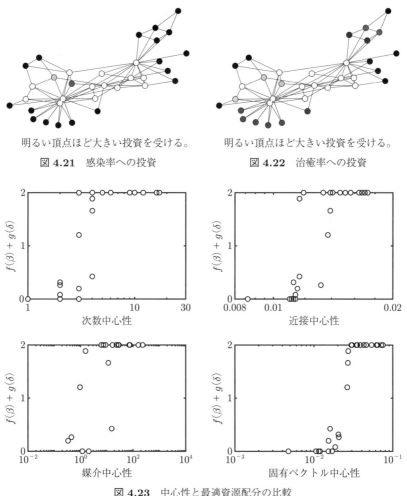

明るい頂点ほど大きい投資を受ける。

図 **4.21** 感染率への投資

明るい頂点ほど大きい投資を受ける。

図 **4.22** 治癒率への投資

図 **4.23** 中心性と最適資源配分の比較

類の中心性（次数中心性，近接中心性，媒介中心性，固有ベクトル中心性）と，頂点への投資量（最適な β_i, δ_i に対する $f(\beta_i) + g(\delta_i)$）を比較したグラフを示す．いずれの場合においても，中心性が大きくなるにつれて投資の量が大きくなっていく様子が見て取れる．しかし，中心性の大きさと投資量の間の関係は自明ではない（最も相関が強そうなのが固有ベクトル中心性である）．このことからも，最適投資戦略の有効性を確認できる．

4.5 伝播の制御（2）：適応ネットワーク

4.4 節では，頂点の伝染率と治癒率の操作を通じた伝播の抑制を考えた．しかし，この枠組みでは伝染率と治癒率は初期時刻（$t=0$）に行われる．このためこの抑制方策は，感染症のリアルタイムの流行状況に応じた制御ではない（つまりフィードフォワード制御である）．これに対して本節では，伝播のフィードバック制御を扱う．動的にネットワークが変化するモデルである適応的な SIS モデルに焦点を当てる．

4.5.1 適応的な SIS モデル

適応的 SIS モデル（adaptive SIS model）を導入する[16), 17)]．このモデルの特徴は，伝播の進展に応じてグラフの辺が適応的に削除・再接続される点である．特にこのモデルにおいてグラフは時変である†．そこで，静的なグラフではなく時変のグラフ $G(t) = (V, E(t))$ を準備する．$V = \{v_1, \cdots, v_n\}$ は頂点の集合であり，時間に対して変化しない．一方，$E(t)$ は辺の集合であり，後に示すルールに従って時間変化する．時刻 t における頂点 v_i の近傍を $\mathcal{N}_i(t) = \{v_j : \{v_i, v_j\} \in E(t)\}$ と書く．

SIS モデルの場合と同様にして，頂点 v_i の状態を式 (4.32) の二値変数 $x_i(t)$ により表す．すると，SIS モデル (4.39), (4.40) と同様にして，頂点の状態遷

---

† このようなネットワークはテンポラルネットワーク（temporal network）と呼ばれる[18)]．

移確率は

$$P(x_i(t+h) = 1 \mid x_i(t) = 0) = \beta_i \sum_{v_k \in \mathcal{N}_i(t)} x_k(t)h + o(h) \quad (4.60)$$

$$P(x_i(t+h) = 0 \mid x_i(t) = 1) = \delta_i h + o(h) \quad (4.61)$$

と書ける．ここで，$\beta_i > 0$ と $\delta_i > 0$ はそれぞれ伝染率と治癒率であり，SIS モデルの場合と同じ意味をもつ．一方，SIS モデルの場合 (4.39) と異なり，式 (4.60) の総和では添え字 k の属する集合が時間 t に依存していることに気を付ける．

適応的な SIS モデルでは，頂点の状態の変化に応じてグラフのつながり方が変化する．図 **4.24** にモデルの模式図を示す．

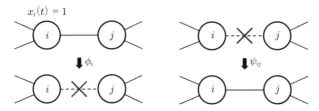

図 **4.24** 適応的な SIS モデル

グラフ $G(t)$ の隣接行列を $A(t) = [a_{ij}(t)]_{i,j}$ とする．まず，適応的な SIS モデルにおいて，感染した頂点につながる辺は確率的に削除される．その確率は，$h > 0$ に対して

$$P(a_{ij}(t+h) = 0 \mid a_{ij}(t) = 1) = \phi_i x_i(t)h + \phi_j x_j(t)h + o(h) \quad (4.62)$$

により与えられる．この確率は以下のような意味をもつ．まず，頂点 v_i が感染者であると仮定する．このとき，頂点 v_i と v_j をつないでいる辺 $\{v_i, v_j\}$ は ϕ_i の率で削除される．同様にして，頂点 j が感染者であるとき，辺 $\{v_i, v_j\}$ は ϕ_j の率で削除される．双方の頂点が感染者であるときには，これらの率は加算され，率 $\phi_i + \phi_j$ で辺が削除される．

また，適応的な SIS モデルでは，切断された辺の再接続を許す．つまり，初期時刻 $t=0$ において存在していた任意の辺 $\{v_i, v_j\}$ に対して

$$P(a_{ij}(t+h) = 1 \mid a_{ij}(t) = 0) = \psi_{ij} h + o(h) \tag{4.63}$$

が成り立つ．これは，もし辺 $\{v_i, v_j\}$ が切断された場合，辺が接続していた頂点の状態にかかわらず，その辺が率 ψ_{ij} で再び現れることを意味する．以上で現れたパラメータ $\phi_i > 0$ と $\psi_{ij} = \psi_{ji} > 0$ を，それぞれ**切断率**（cutting rate）および**再接続率**（reconnecting rate）と呼ぶ．

式 (4.62) における辺の切断は，頂点の状態 x_i と x_j に依存している．したがって，ネットワークのつながり方は感染症の拡大に対して能動的に反応し変化する．この意味で，適応的な SIS モデルは伝播の拡大に対するフィードバック制御則といえる．

本節の制御問題でも，SIS モデルの場合と同様に，感染確率の 0 への減衰率を性能指標とする．式 (4.34) により適応的な SIS モデルの減衰率を定める．この減衰率を計算するのが困難であるのは SIS モデルの場合とまったく同様である．そして，適応的な SIS モデルに対する抑え込み問題を，SIS モデルの場合と同様にして以下のように定式化する．伝染率 β_i と治癒率 δ_i は与えられ，これらは変更できないものとする．伝播の抑制に使える予算 $\bar{C} \geqq 0$ が与えられており，これを使ってフィードバック則の調整，つまり，切断率を操作できると仮定する．具体的には，切断率 ϕ_i を達成するためには費用 $h_i(\phi_i)$ が必要であると仮定する．このとき，ネットワーク全体で切断率の集合 $(\phi_i)_{v_i \in V}$ を達成するのに必要な総コストは $C = \sum_{i=1}^{n} h_i(\phi_i)$ に等しい．このコストが予算制約

$$C \leqq \bar{C} \tag{4.64}$$

を満たす必要がある．また 4.4 節と同様にして，切断率に対しても区間制約

$$\underline{\phi}_i \leqq \phi_i \leqq \bar{\phi}_i \tag{4.65}$$

を設ける．ここで，$\underline{\phi}_i$ と $\bar{\phi}_i$ は与えられた正の定数である．以上の設定のもとで，減衰率を与えられた目標 $\bar{\gamma} > 0$ より大きくすることを目的とする．すなわ

ち，式 (4.37) が成り立つことを目指す．以上を問題としてまとめるとつぎのようになる（**定義 4.5**）．

定義 4.5 （適応制御問題）

性能要件 (4.37)，予算制約 (4.64)，そして区間制約 (4.65) を同時に満たす切断率の組 $(\phi_i)_{v_i \in V}$ を求めよ．

4.5.2 正多項式制約

SIS モデルの場合と同様に，上述の適応制御問題を直接解くのは難しい．そこで SIS モデルの場合と同様に，まず減衰率の下限を導く．各頂点の状態変化を表す微分方程式は，すでに式 (4.41) で与えられている．SIS モデルの場合と同様に進めると，微分方程式

$$\frac{dp_i}{dt} = -\delta_i p_i + \beta_i \sum_{v_k \in \mathcal{N}_i(t)} E[a_{ik} x_k] - \varepsilon_{1i} \tag{4.66}$$

が得られる．ただし，$\varepsilon_{1i}(t) = \beta_i \sum_{v_k \in \mathcal{N}_i(t)} E[a_{ik} x_i x_k]$ としている．SIS モデルの場合の微分方程式 (4.43) とは異なり，この微分方程式の右辺には二次項 $E[a_{ik} x_k]$ があることに注意する．これは，適応的な SIS モデルにおいて辺の変数 a_{ik} も確率変数であることに由来している．このため，微分方程式 (4.66) は変数 $p_1, \cdots, p_n$ について閉じておらず，扱いづらい．

この不便を解消するために，二次項 $E[a_{ik} x_k]$ に対する微分方程式も導く．まず，式 (4.62)，(4.63) より，辺を表す変数 a_{ij} の変化が確率微分方程式

$$da_{ij} = -a_{ij}(x_i dN_{\phi_i} + x_j dN_{\phi_j}) + (1 - a_{ij}) dN_{\psi_{ij}} \tag{4.67}$$

で与えられる．この確率微分方程式の右辺において，第一項は辺の切断，第二項は辺の再接続に相当している．そして，確率微分方程式 (4.41) と式 (4.67) から伊藤の公式[19]を通じて以下の確率微分方程式を得る．

$$d(a_{ij}x_i) = -a_{ij}x_i dN_{\phi_i} - a_{ij}x_i x_j dN_{\phi_j} + (1-a_{ij})x_i dN_{\psi_{ij}}$$
$$- a_{ij}x_i dN_{\delta_i} + a_{ij}(1-x_i)\sum_{v_k \in \mathcal{N}_i(0)} a_{ik}x_k dN_{\beta_i} \quad (4.68)$$

この確率微分方程式 (4.68) において期待値を取ることにより，高次項

$$q_{ij}(t) = E[a_{ij}(t)x_i(t)]$$

に関する以下の微分方程式 (4.69) が得られる．

$$\frac{dq_{ij}}{dt} = -\phi_i q_{ij} + \psi_{ij}(p_i - q_{ij}) - \delta_i q_{ij} + \beta_i \sum_{v_k \in \mathcal{N}_i(0)} q_{ki} - \varepsilon_{2ij} \quad (4.69)$$

ここで，$\varepsilon_{2ij}(t) = \phi_j E[x_i(t)x_j(t)a_{ij}(t)a_{ik}(t)] + \beta_i \sum_{v_k \in \mathcal{N}_i(0)} E[x_i(t)x_k(t)a_{ik}(t) + (1-a_{ij}(t))a_{ik}(t)x_k(t)]$ は高次項をまとめた関数であり，任意の $t \geq 0$ に対して非負の値を取る．

以上の議論から，一次項 p_i と二次項 q_{ij} に関する微分方程式 (4.66), (4.69) が得られた．これら微分方程式を用いて，減衰率の評価をする．まず，二次項からなるベクトル変数

$$q_i = \operatorname*{col}_{v_j \in \mathcal{N}_i(0)} q_{ij}, \quad q = \operatorname*{col}_{1 \leq i \leq n} q_i$$

を定義する．そして，任意の $i = 1, \cdots, n$ に対して行列 T_i を

$$T_i q = \sum_{v_k \in \mathcal{N}_i(0)} q_{ki}$$

により定義する．この記法のもとで，以下の行列を定義する．

$$B_1 = \begin{bmatrix} \beta_1 T_1 \\ \vdots \\ \beta_n T_n \end{bmatrix}, \quad B_2 = \begin{bmatrix} \beta_1 \mathbf{1}_{d_1} \otimes T_1 \\ \vdots \\ \beta_n \mathbf{1}_{d_n} \otimes T_n \end{bmatrix},$$

$$D_1 = \operatorname{diag}(\delta_1, \cdots, \delta_n), \quad D_2 = \operatorname{diag}(\delta_1 I_{d_1}, \cdots, \delta_n I_{d_n})$$

4.5 伝播の制御 (2): 適応ネットワーク

ここで, d_i は初期グラフ $G(0)$ における頂点 v_i の次数である. さらに以下の行列も定義する.

$$\begin{cases} \Phi = \underset{1 \leq i \leq n}{\operatorname{diag}} \underset{v_j \in \mathcal{N}_i(0)}{\operatorname{diag}} \phi_i \\ \Psi_1 = \underset{1 \leq i \leq n}{\operatorname{diag}} \left(\underset{v_j \in \mathcal{N}_i(0)}{\operatorname{col}} \psi_{ij} \right), \quad \Psi_2 = \underset{1 \leq i \leq n}{\operatorname{diag}} \underset{v_j \in \mathcal{N}_i(0)}{\operatorname{diag}} \psi_{ij} \end{cases} \quad (4.70)$$

以上の行列を用いると, n 本の微分方程式 (4.43) をまとめ, さらに負の項 $-\varepsilon_{1i}$ を無視することで, 微分不等式

$$\frac{dp}{dt} \leq -D_1 p + B_1 q \quad (4.71)$$

を得る. 同様にして, 微分方程式 (4.69) を $v_j \in \mathcal{N}_i(0)$ について重ねて, さらに負の項 $-\varepsilon_{2ij}$ を無視することで, 微分不等式

$$\frac{dq_i}{dt} \leq \underset{v_j \in \mathcal{N}_i(0)}{\operatorname{col}} (\psi_{ij} p_i) - (\phi_i + \delta_i) q_i - \psi_j q_i + \beta_i (\mathbf{1}_{d_i} \otimes T_i) q$$

を得る. ここで, $\psi_i = \underset{v_j \in \mathcal{N}_i(0)}{\operatorname{diag}} \psi_{ij}$ とした. さらに添え字 i についても同様の操作を行うことで

$$\frac{dq}{dt} \leq \Psi_1 p + (B_2 - D_2 - \Phi - \Psi_2) q$$

を得る. この不等式を微分不等式 (4.71) と合わせることで, 最終的に

$$\frac{d}{dt} \begin{bmatrix} p \\ q \end{bmatrix} \leq M \begin{bmatrix} p \\ q \end{bmatrix} \quad (4.72)$$

が得られる. ただし, 行列 M は

$$M = \begin{bmatrix} -D_1 & B_1 \\ \Psi_1 & B_2 - D_2 - \Phi - \Psi_2 \end{bmatrix} \quad (4.73)$$

により定義される.

不等式 (4.72) を用いると, 適応的な SIS モデルの減衰率を以下のように評価することができる (**補題 4.4**).

補題 4.4

式 (4.74) が成り立つ。

$$\gamma \geqq -\lambda_{\max}(M) \tag{4.74}$$

証明 補題 4.2 の証明と同様なので省略する。♠

補題 4.4 と Perron-Frobenius の定理（補題 4.3）を組み合わせることにより，性能要件 (4.37) が成り立つには，不等式

$$Mv < -\bar{\gamma}v \tag{4.75}$$

を満たす正のベクトル v が存在すれば十分である。SIS モデルの場合（不等式 (4.48)）には等価な正多項式制約を導くことができたが，適応的な SIS モデルの場合はどうであろうか。SIS モデルの場合と同様に不等式 (4.75) を変形すると

$$\begin{bmatrix} O & B_1 \\ \Psi_1 & B_2 \end{bmatrix} \begin{bmatrix} v_1 \\ v_2 \end{bmatrix} + \lambda \begin{bmatrix} v_1 \\ v_2 \end{bmatrix} < \begin{bmatrix} D_1 v_1 \\ (D_2 + \Phi + \Psi_2)v_2 \end{bmatrix} \tag{4.76}$$

を得る。この制約の上半分は

$$Bv_2 + \lambda v_1 < D_1 v_1 \tag{4.77}$$

と等しい。このベクトル値制約の各要素は

$$\frac{\sum_{j=1}^{n} B_{ij}[v_2]_j + \lambda[v_1]_i}{[D_1]_{ii}[v_1]_i} < 1 \tag{4.78}$$

と書くことができ，正多項式制約であることがわかる。一方，下側半分の制約

$$\Psi_1 v_1 + B_2 v_2 < (D_2 + \Phi + \Psi_2)v_2 \tag{4.79}$$

は，ただちに正多項式制約にはならない。このベクトル値制約の各要素は

$$\frac{[\Psi_1 v_1 + B_2 v_2]_i}{(\delta_1 i_1 + \phi_{i_2} + \psi_{i_2})v_{2i}} < 1 \tag{4.80}$$

と書き直せるが，この左辺は残念ながら正多項式ではない．

しかし，下記のように過剰変数を導入することで制約 (4.79) を正多項式制約にすることができる．いま，$D_2 + \Psi_2$ は対角行列であるから，定数 x を対角行列 $xI - (D_2 + \Psi_2)$ の対角成分がすべて正となるように選べる．そして新しい変数 $\phi_i^{(c)}$ を

$$\phi_i^{(c)} = \phi_i + x \tag{4.81}$$

で定め，行列 $\tilde{\Phi}$ を式 (4.70) と同様に定義する．すると，$\tilde{\Phi} = \Phi + xI$ であるから，制約 (4.79) は，非負の行列 $\tilde{X} = B_2 + (X - (D_2 + \Psi_2))$ を用いて $\Psi_1 v_1 + \tilde{X} v_2 < \tilde{\Phi} v_2$ と書き直せる．しかもこのベクトル値制約の各要素 $[\Psi_1]_{k\ell}[v_1]_\ell + [\tilde{X}]_{k\ell} v_{2\ell} \leqq \Phi_\ell v_{2\ell}$ は正多項式制約

$$\frac{[\Psi_1]_{k\ell}[v_1]_\ell + [\tilde{X}]_{k\ell} v_{2\ell}}{\Phi_\ell v_{2\ell}} < 1 \tag{4.82}$$

として書き直せる．

以上の議論より以下の**定理 4.7** が得られる．

定理 4.7

すべての頂点 v_i に対して，関数 $h_i^{(c)}$ を

$$h_i^{(c)}(\phi_i^{(c)}) = h_i(\phi_i^{(c)} - x) \tag{4.83}$$

で定める．そして，正の変数 $\phi_i^{(c)}, v_1, v_2$ が以下の制約を満たすと仮定する．

$$\begin{cases} \text{式 (4.78)，(4.82)} & \text{(4.84a)} \\ (\bar{\phi}_i + x)^{-1} \phi_i^{(c)} \leqq 1, \quad (\underline{\phi}_i + x)^{-1} \phi_i^{-1} \leqq 1 & \text{(4.84b)} \\ \bar{C}^{-1} \sum_{i=1}^n h_i^{(c)}(\phi_i^{(c)}) \leqq 1 & \text{(4.84c)} \end{cases}$$

このとき，切断率の組 $(\phi_i)_{i=1}^n = (\phi_i^{(c)} - x)_{i=1}^n$ は適応制御問題の解である．さらに，関数 $h_1^{(c)}, \cdots, h_n^{(c)}$ が正多項式であるならば，式 (4.84) の制約

はすべて正多項式制約である。

定理 4.7 と式 (4.27) のような変数変換により，適応制御問題を凸の制約充足問題に帰着することができる．また，定理 4.7 を用いることで，さまざまな最適適応制御問題に対する準最適解を，幾何計画問題の枠組みを用いて効率的に求めることができる．例を二つ挙げる（例 4.8，例 4.9）．

例 4.8 （**最小費用での適応制御問題**） つぎのような問題を考える．

性能要件 (4.37) と区間制約 (4.65) を同時に満たす切断率の組 (ϕ_i) のうち，総コスト C を最小にするものを求めよ．いま，組 $(\phi_i^{(c)\star})$ を幾何計画問題

$$\text{minimize} \quad C$$
$$\text{subject to} \quad \text{式 (4.84)}$$

の解とする．このとき，切断率の組 $(\phi_i^{(c)\star} - x)$ は上記問題の準最適解を与える．

例 4.9 （**費用制約のもとでの最適資源配置問題**） つぎの問題を考える．

予算制約 (4.64) と区間制約 (4.65) を同時に満たす切断率の組 (ϕ_i) のうち，減衰率を最大とするものを求めよ．いま，組 $(\phi_i^{(c)\star})$ を幾何計画問題

$$\text{minimize} \quad \frac{1}{\gamma}$$
$$\text{subject to} \quad \text{式 (4.84)}$$

の解とする．このとき，切断率の組 $(\phi_i^{(c)\star} - x)$ は上記問題の準最適解を与える．

4.5.3 数　値　例

図 4.2 の空手ネットワークを考える。すべての頂点が同じ治癒率 $\delta = 0.05$ と伝染率 $\beta = \delta/\lambda_{\max}(A)$ をもつと仮定する（これらは 4.4.4 項における $\underline{\delta}$ および $\bar{\beta}$ とそれぞれ同じ値をもつ）。切断率の下限を $\underline{\phi} = 0.75$ とし，これを各頂点がもともともっている切断率と見なす。投資によりこの切断率は 2 倍の値 $\bar{\phi} = 1.5$ まで増加させられると仮定する。増加させるにあたって必要なコストは，式 (4.59) と同様にして

$$h(\phi) = c_5 + \frac{c_6}{(\hat{\phi} - \phi)^s} \tag{4.85}$$

とする。ここで，定数 c_5 と c_6 は費用関数を $h(\underline{\phi}) = 0$ および $h(\bar{\phi}) = 1$ と正規化するためのパラメータである。パラメータ $\hat{\phi}$ と s は，費用関数の形を調節するためにあり，その変化の仕方は図 4.20 と同様である。

以上のパラメータを用いて，最適適応制御問題を解く。得られた最適投資を図 **4.25** に示す。4.4.4 項における結果と同様にして，ネットワークの「内側」にある頂点へ重点的に投資が行われていることがわかる。つぎに，得られた最適投資を中心性と比較する。図 **4.26** に比較を示す。4.4.4 項と同様に，固有値中心性との相関が大きいように見える。

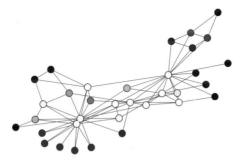

明るい頂点ほど投資が大きい。

図 **4.25** 切断率への投資

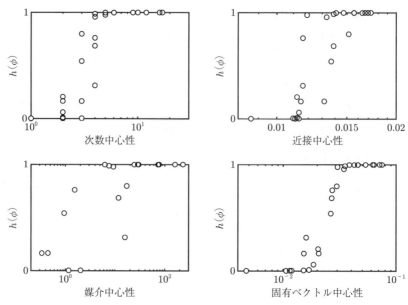

図 **4.26** 最適投資と中心性との比較

章 末 問 題

【1】 定理 4.1 の証明を完成させよ。
【2】 式 (4.18) の写像が凹関数であることの証明を完成させよ。
【3】 定理 4.4 の証明を完成させよ。
【4】 微分方程式 (4.69) を導け。

引用・参考文献

【1章】
1) 電気学会 第2次 M2M 技術調査専門委員会 編：M2M/IoT システム入門，森北出版 (2016)
2) V. Mayer-Schonberger, and K. Cukier：Big Data, Eamon Dolan/Mariner Books, (2014)（日本語 訳：ビッグデータの正体，講談社）
3) 淺間 一，石井秀明，原 辰次：「わ」で拓くシステム制御の新展開，計測と制御，**57**†, 2, pp. 69–72 (2018)
4) J. P. Hespanha, P. Naghshtabrizi, and Y. Xu：A survey of recent results in networked control systems, Proceedings of the IEEE, **95**, 1, pp. 138–162, Jan., 2007, pp. 3928–3937 (2016)
5) G. N. Nair, F. Fagnani, S. Zampieri, and R. J. Evans：Feedback control under data rate constraints: An overview, Proceerdings of the IEEE, **95**, 1, pp. 108–137 (2007)
6) X.-M. Zhang, Q.-L. Han, and X. Yu：Survey on recent advances in networked control systems, IEEE Transactions on Industrial Informatics, **12**, 5, pp. 1740–1752 (2016)
7) 汐月哲夫：情報通信ネットワークと制御理論の融合の可能性，計測と制御，**43**, 6, pp. 465–468 (2004)
8) 永原正章：ネットワーク化制御のためのスパースモデリング，計測と制御，**55**, 11, pp. 978–983 (2016)
9) 太田快人：情報理論的取扱いによる制御理論の新展開，システム/制御/情報，**56**, 7, pp. 375–380 (2012)
10) 津村幸治，石井秀明：量子化信号を含む制御系の安定化・システム同定，計測と制御，**44**, 1, pp. 70–77 (2005)
11) 山本 茂：帯域制限があるネットワークシステムの安定化制御，計測と制御，**41**, 7, pp. 502–506 (2002)
12) 林 直樹，高井重昌：サイバーフィジカルシステムの研究動向と展望，計測と制

† 論文誌の巻番号は太字，号番号は細字で表記する．

御, **53**, 12, pp. 1076–1079 (2014)
13) W. P. M. H. Heemels, K. H. Johansson, and P. Tabuada：An introduction to event-triggered and self-triggered control, IEEE 51st IEEE Conference on Decision and Control (CDC), Maui, pp. 3270–3285 (2012)
14) 残間忠直, 橋本大輝, 若生将史, 劉 康志：ネットワーク化制御系におけるデータ欠落の推定と制御, 計測と制御, **56**, 7, pp. 486–491 (2017)
15) 東 俊一, 永原正章 編著：マルチエージェントシステムの制御, コロナ社 (2015)
16) 石井秀明：マルチエージェント・ネットワークと制御の新動向, システム/制御/情報, **56**, 9, pp. 492–497 (2012)
17) 滑川 徹：マルチエージェントシステムの合意問題と協調取り囲み, システム/制御/情報, **53**, 16, pp. 443–448 (2009)
18) 早川朋久, 藤田政之：マルチエージェントシステムとビークルフォーメーション, 計測と制御, **46**, 11, pp. 823–828 (2007)
19) 滑川 徹：分散型モデル予測制御に基づくマルチUAVのフォーメーション制御, システム/制御/情報, **61**, 2, pp. 69–75 (2017)
20) 飯野 穣, 畑中健志, 藤田政之：センサネットワークと制御理論, 計測と制御, **47**, 8, pp. 649–656 (2008)
21) 宮本俊幸, 北村聖一, 森 一之, 泉井良夫：交互方向乗数法を用いた分散最適化―エネルギー管理システムへの応用, システム/制御/情報, **60**, 6, pp. 219–244 (2016)
22) 滑川 徹：スマートグリッドのための分散予測制御, 計測と制御, **51**, 1, pp. 62–68 (2012)
23) S. Boyd, N. Parikh, E. Chu, B.Peleato, and J. Eckstein：Distributed Optimization and Statistical Learning via the Alternating Direction Method of Multipliers, Foundations and Trends in Machine Learning, **3**, 1, pp. 1–122 (2011)
24) 小野峻佑：近接分離による分散凸最適化―交互方向乗数法に基づくアプローチを中心として, 計測と制御, **55**, 11, pp. 954–959 (2016)
25) 石井秀明：マルチエージェント合意問題におけるセキュリティ対策, 計測と制御, **55**, 11, pp. 936–941 (2016)
26) 石井秀明：サイバーセキュアシティを支えるシステム, 計測と制御, **57**, 2, pp. 101–105 (2018)
27) M. Hermann, T. Pentek, and B. Otto：Design Principles for Industrie 4.0 Scenarios, 2016 49th Hawaii International Conference on System Sciences (HICSS) (2016)

引用・参考文献

【2章】

1) 電気学会 第2次 M2M 技術調査専門委員会 編：M2M/IoT システム入門，森北出版 (2016)
2) W. S. Wong, and R. W. Brockett：Systems with finite communication bandwidth constraints II: Stabilization with limited information feedback, IEEE Transactions on Automatic Control, **44**, 5, pp. 1049–1053 (1999)
3) N. Elia, and S. K. Mitter：Stabilization of linear systems with limited information, IEEE Transactions on Automatic Control, **46**, 9, pp. 1384–1400 (2001)
4) S. Tatikonda, and S. Mitter：Control under communication constraints, IEEE Transactions on Automatic Control, **49**, 7, pp. 1056–1068 (2004)
5) G. N. Nair, and R. J. Evans：Stabilizability of stochastic linear systems with finite feedback data rates, SIAM Journal on Control and Optimization, **43**, 2, pp. 413–436 (2004)
6) G. N. Nair, F. Fagnani, S. Zampieri, and R. J. Evans：Feedback control under data rate constraints: An overview, Proceedings of the IEEE, **95**, 1, pp. 108–137 (2007)
7) 吉川恒夫，井村順一：現代制御論，コロナ社 (2014)
8) 児玉慎三，須田信英：システム制御のためのマトリクス理論，コロナ社 (1978)
9) D. Liberzon：On stabilization of linear systems with limited information, IEEE Transactions on Automatic Control, **48**, 2, pp.304–307 (2003)
10) C. De Persis, and P. Tesi：Input-to-state stabilizing control under denial-of-service, IEEE Transactions on Automatic Control, **60**, 11, pp. 2930–2944 (2015)
11) A. Cetinkaya, H. Ishii, and T. Hayakawa：Networked control under random and malicious packet losses, IEEE Transactions on Automatic Control, **62**, 5, pp. 2434–2449 (2017)
12) K. You, and L. Xie：Minimum data rate for mean square stabilization of discrete LTI systems over lossy channels, IEEE Transactions on Automatic Control, **55**, 10, pp.2373–2378 (2010)

【3章】

1) 山本 裕，原 辰次：サンプル値制御理論–I：システムとその表現，システム/制御/情報，**43**, 8, pp.436–443 ／サンプル値制御理論–II：周波数応答とその計算，

システム/制御/情報，**43**, 10, pp.561–568／原 辰次，山本 裕：サンプル値制御理論–III：最適制御問題とその解法，システム/制御/情報，**43**, 12, pp.660–668 (1999)／藤岡久也，原 辰次，山本 裕：サンプル値制御理論–IV：最適制御問題の一般化，システム/制御/情報，**44**, 2, pp.78–86／サンプル値制御理論–V：実システムへの応用と数値計算法，システム/制御/情報，**44**, 4, pp.223–231／山本 裕，藤岡久也，原 辰次：サンプル値制御理論–VI：ディジタル信号処理への応用，システム制御情報学会誌，**44**, 6, pp.336–343 (2000)

2) Y. Yamamoto：A function space approach to sampled data control systems and tracking problems, IEEE Transactions on Automatic Control, **39**, 4, pp. 703–713 (1994)

3) W. P. M. H. Heemels, K. H. Johansson, and P. Tabuada：An introduction to event-triggered and self-triggered control, Proceedings of the 51st IEEE Conference on Decision and Control, pp. 3270–3285 (2012)

4) M. Miskowicz (Ed.)：Event-Based Control and Signal Processing, CRC Press (2017)

5) 林 直樹：事象駆動型制御—賢く手を抜く節約術，システム/制御/情報，**62**, 6, pp. 234–235 (2018)

6) 小林孝一：IoT時代のシステム制御理論—事象駆動制御と自己駆動制御—，電子情報通信学会 基礎・境界ソサイエティ Fundamentals Review, **11**, 3, pp. 172–179 (2018)

7) P. Tabuada：Event-triggered real-time scheduling of stabilizing control tasks, IEEE Transactions on Automatic Control, **52**, 9, pp. 1680–1685 (2007)

8) V. A. Yakubovich：S-procedure in nonlinear control theory, Vestnik Leningrad Univ. Math., **4**, 9, pp. 73–93, 1977 (English translation).

9) 小原敦美：行列不等式アプローチによる制御系設計，コロナ社 (2016)

10) 蛯原義雄：LMIによるシステム制御—ロバスト制御系設計のための体系的アプローチ—，森北出版 (2012)

11) D. P. Borgers, and W. P. M. H. Heemels：Event-separation properties of event-triggered control systems, IEEE Transactions on Automatic Control, **59**, 10, pp. 2644–2656 (2014)

12) W. P. M. H. Heemels, M. C. F. Donkers, and A. R. Teel：Periodic event-triggered control for linear systems, IEEE Transactions on Automatic Control, **58**, 4, pp. 847–861 (2013)

13) W. P. M. H. Heemels, J. H. Sandee, and P. P. J. Van Den Bosch：Analysis of

event-driven controllers for linear systems, International Journal of Control, **81**, 4, pp. 571–590 (2008)

14) M. C. F. Donkers, and W. P. M. H. Heemels : Output-based event-triggered control with guaranteed $\mathcal{L}_\infty$-gain and improved and decentralized event-triggering, IEEE Transactions on Automatic Control, **57**, 6, pp. 1362–1376 (2012)

15) H. H. Rosenbrock : Computer-Aided Control System Design, Academic Press (1974)

16) X. Wang, and M. D. Lemmon : Self-triggered feedback control systems with finite-gain $\mathcal{L}_2$ stability, IEEE Transactions on Automatic Control, **54**, 3, pp. 452–467 (2009)

17) M. Mazo Jr., A. Anta, and P. Tabuada : An ISS self-triggered implementation of linear controllers, Automatica, **46**, 8, pp. 1310–1314 (2010)

【4章】
1) The Opte Project (2005)
2) 増田直紀,今野紀雄:複雑ネットワーク,近代科学社 (2010)
3) W. W. Zachary : An information flow model for conflict and fission in small groups, Journal of Anthropological Research, **33**, 4, pp. 452–473 (1977)
4) R. Olfati-Saber, J. A. Fax, and R. M. Murray : Consensus and cooperation in networked multi-agent systems, Proceedings of the IEEE, **95**, 1, pp. 215–233 (2007)
5) R. A. Horn, and C. R. Johnson : Matrix Analysis, Cambridge University Press (1990)
6) S. Boyd : Convex optimization of graph Laplacian eigenvalues, International Congress of Mathematicians, pp. 1311–1319 (2006)
7) U. Brandes, and J. Hildenbrand : Smallest graphs with distinct singleton centers, Network Science, **2**, 3, pp. 416–418 (2014)
8) S. Boyd, S.-J. Kim, L. Vandenberghe, and A. Hassibi : A tutorial on geometric programming, Optimization and Engineering, **8**, 1, pp. 67–127 (2007)
9) O. Fercoq, M. Akian, M. Bouhtou, and S. Gaubert : Ergodic control and polyhedral approaches to pagerank optimization, IEEE Transactions on Automatic Control, **58**, 1, pp. 134–148 (2013)
10) M. Ogura, and V. M. Preciado : Katz centrality of Markovian temporal

networks: analysis and optimization, 2017 American Control Conference, pp. 5001–5006 (2017)
11) R. Pastor-Satorras, C. Castellano, P. Van Mieghem, and A. Vespignani：Epidemic processes in complex networks, Reviews of Modern Physics, **87**, 3, pp. 925–979 (2015)
12) P. Van Mieghem, J. Omic, and R. Kooij：Virus spread in networks, IEEE/ACM Transactions on Networking, **17**, 1, pp. 1–14 (2009)
13) W. Feller：An Introduction to Probability Theory and Its Applications, John Wiley & Sons (1956)
14) A. Ganesh, L. Massoulie, and D. Towsley：The effect of network topology on the spread of epidemics, 24th Annual Joint Conference of the IEEE Computer and Communications Societies, pp. 1455–1466 (2005)
15) V. M. Preciado, M. Zargham, C. Enyioha, A. Jadbabaie, and G. J. Pappas：Optimal resource allocation for network protection against spreading processes, IEEE Transactions on Control of Network Systems, **1**, 1, pp. 99–108 (2014)
16) D. Guo, S. Trajanovski, R. van de Bovenkamp, H. Wang, and P. Van Mieghem：Epidemic threshold and topological structure of susceptible-infectious-susceptible epidemics in adaptive networks, Physical Review E, 88, p. 042802 (2013)
17) M. Ogura and V. M. Preciado：Epidemic processes over adaptive state-dependent networks, Physical Review E, **93**, p. 062316 (2016)
18) N. Masuda, and R. Lambiotte：A Guide to Temporal Networks, World Scientific Publishing (2016)
19) F. B. Hanson：Applied Stochastic Processes and Control for Jump-Diffusions: Modeling, Analysis and Computation, Society for Industrial and Applied Mathematics (2007)

章末問題解答

2章

【1】行列 A の不安定固有値を λ_i $(i = 1, 2, \cdots, n)$ とする。任意の $R > \sum_{i=1}^{n} \log_2 |\lambda_i|$ に対して $R = \sum_{i=1}^{n} R^{\langle i \rangle}$ となるように $R^{\langle i \rangle} > \log_2 |\lambda_i|$ を選ぶことができる。この $R^{\langle i \rangle}$ $(i = 1, 2, \cdots, n)$ に対して

$$R^{\langle i \rangle} > \alpha_i + \frac{\beta_i}{T} > \log_2 |\lambda_i| \tag{1}$$

を満たす $\alpha_i, \beta_i, T \in \mathbb{Z}_+$ が存在する。これを用いて,時刻 k における量子化ビット数を

$$R_k^{\langle i \rangle} = \begin{cases} \alpha_i + 1, & \text{if } (k \mod T) \in [0, \beta_i - 1] \\ \alpha_i, & \text{if } (k \mod T) \in [\beta_i, T - 1] \end{cases}$$

のように周期 T の時変な列に取る。$R_k^{\langle i \rangle}$ に対応する量子化レベル数を

$$\bar{N}_k = \begin{bmatrix} N_k^{\langle 1 \rangle} & N_k^{\langle 2 \rangle} & \cdots & N_k^{\langle n \rangle} \end{bmatrix}^\top = \begin{bmatrix} 2^{R_k^{\langle 1 \rangle}} & 2^{R_k^{\langle 2 \rangle}} & \cdots & 2^{R_k^{\langle n \rangle}} \end{bmatrix}^\top$$

として量子化器 $(c_k, \Phi_k, \bar{M}_k, \bar{N}_k)$ を 2.3.4 項と同様に構成する。時間 $[0, T-1]$ における $R_k^{\langle i \rangle}$ の平均は $\alpha_i + \beta_i/T$ であるから

$$\begin{aligned}
&\frac{1}{k_f} \sum_{k=0}^{k_f - 1} R_k^{\langle i \rangle} \\
&= \frac{1}{k_f} \left\{ [k_f - (k_f \mod T)] \left(\alpha_i + \frac{\beta_i}{T} \right) + \sum_{j=0}^{(k_f \mod T)} R_j^{\langle i \rangle} \right\} \\
&= \alpha_i + \frac{\beta_i}{T} + \frac{1}{k_f} \left[-(k_f \mod T) \left(\alpha_i + \frac{\beta_i}{T} \right) + \sum_{j=0}^{(k_f \mod T)} R_j^{\langle i \rangle} \right]
\end{aligned}$$

である。最右辺第3項は $k_f \to \infty$ で 0 へ収束するから

$$\lim_{k_f \to \infty} \frac{1}{k_f} \sum_{k=0}^{k_f - 1} R_k^{\langle i \rangle} = \alpha_i + \frac{\beta_i}{T}$$

を得る．したがって，式 (1) より平均データレートは R より小さい．

つぎに，漸近安定性を確認する．式 (2.24) より

$$\bar{M}_k = \left(\prod_{\ell=0}^{k} \bar{J} F_{\bar{N}_\ell} \right) \bar{M}_0 + \sum_{\ell=0}^{k-1} \left(\prod_{j=0}^{k-1-\ell} \bar{J} F_{\bar{N}_j} \right) h(\ell)$$

である．ここで $\prod_{\ell=0}^{T-1} \bar{J} F_{\bar{N}_\ell}$ はシュール安定であることから，$\lim_{k \to \infty} \|\bar{M}_k\| \to 0$ であり，定理 2.3 の証明と同様に漸近安定性が示せる．

【2】 時刻 k までに受信した通信パケットから，デコーダとコントローラは状態 x_k を含む集合 X_k を計算できる．ここで，X_k の具体的な計算方法は以下の議論に影響しない．時刻 $k+1$ の通信パケットを受信する前に，この X_k に基づき x_{k+1} を含む予測集合を式 (2.2) に基づき計算すると $\{a\xi + u_k : \xi \in X_k\}$ となり

$$\mathrm{vol}(\{a\xi + u_k : \xi \in X_k\}) = |a|\mathrm{vol}(X_k)$$

である．時刻 $k+1$ で通信パケットを正常に受信すれば，この予測集合の大きさは最小で $1/N$ にできる．一方，パケットロスが発生すると何ら情報を得ることができないから，予測集合の大きさは通信前後で不変である．したがって，通信後の x_{k+1} の推定集合 X_{k+1} は

$$\mathrm{vol}(X_{k+1}) \geq \begin{cases} \dfrac{|a|}{N}\mathrm{vol}(X_k), & \text{パケットロスが起きなかった場合} \\ |a|\mathrm{vol}(X_k), & \text{パケットロスが起きた場合} \end{cases} \tag{2}$$

と書ける．式 (2) とパケットロスが独立同分布であることから

$$E\left[\{\mathrm{vol}(X_{k+1})\}^2\right] \geq \left[(1-p)\frac{|a|^2}{N^2} + p|a|^2\right] E\left[\{\mathrm{vol}(X_k)\}^2\right]$$

である．制御目的 $\lim_{k \to \infty} E[x_k^2] = 0$ を達成するためには

$$(1-p)\frac{|a|^2}{N^2} + p|a|^2 < 1$$

でなければならない．これを整理し，$R = \log_2 N$ を代入すると

$$R > \log_2 |a| + \frac{1}{2} \log_2 \frac{1-p}{1-p|a|^2},$$

$$p < \frac{1}{|a|^2}$$

が必要条件として得られる。パケットロス確率 p が $1/|a|^2$ に近づくとデータレートの下限が大きくなり，より大きなデータレートが必要になることがわかる。

【3】 一般性を失うことなく A の固有値はすべて不安定とし，A, B を可制御正準形と仮定すると

$$A = \begin{bmatrix} 0 & 1 & 0 & \cdots \\ \vdots & \ddots & \ddots & \ddots \\ 0 & \cdots & 0 & 1 \\ -a_0 & -a_1 & \cdots & -a_{n-1} \end{bmatrix}, \quad B = \begin{bmatrix} 0 \\ \vdots \\ 0 \\ 1 \end{bmatrix}$$

と表せる。P_{inf} は $\displaystyle\sum_{k=0}^{\infty} u_k^2$ を評価関数とする最適レギュレータ設計問題におけるリッカチ方程式 (2.49) の解である。このときの最適状態フィードバックゲイン F を施すと Chang-Letov 方程式より，A の固有値を λ_i $(i=1,2,\cdots,n)$ としてフィードバックシステムの極は $1/\lambda_i$ となる[†]。したがって

$$A + BF = \begin{bmatrix} 0 & 1 & 0 & \cdots \\ \vdots & \ddots & \ddots & \ddots \\ 0 & \cdots & 0 & 1 \\ -1/a_0 & -a_{n-1}/a_0 & \cdots & -a_1/a_0 \end{bmatrix}$$

となり

$$F = -\frac{B^\top P_{\mathrm{inf}} A}{B^\top P_{\mathrm{inf}} B + 1} = \begin{bmatrix} a_0 - \dfrac{1}{a_0} & a_1 - \dfrac{a_{n-1}}{a_0} & \cdots & a_{n-1} - \dfrac{a_1}{a_0} \end{bmatrix}$$

である。F の第 1 要素に注目すると

$$\frac{a_0 p_{\mathrm{inf}}}{p_{\mathrm{inf}} + 1} = a_0 - \frac{1}{a_0} \Leftrightarrow p_{\mathrm{inf}} = a_0^2 - 1$$

を得る。ただし，p_{inf} は P_{inf} の (n,n) 成分を表す。本文中の証明と B の形より $\gamma_{\mathrm{inf}} = \sqrt{p_{\mathrm{inf}} + 1}$ であるから

[†] F. L. Lewis, D. Vrabie, and V. L. Syrmos：Optimal Control, 3rd Edition, Wiley (2012)

$$\gamma_{\inf} = |a_0|$$

となり，a_0 が A の固有値の積に等しいことから式 (2.48) が得られる。

【4】 外乱 w_k がない場合と同様，入力 u_k と状態推定値 $\hat{x}_k$ は任意の $k \in \mathbb{Z}_+$ に対して

$$u_k = K q_k(x_k)$$
$$\hat{x}_{k+1} = (A+BK) q_k(x_k)$$

としてよい。ここで，量子化値 $q_k(x_k)$ は，量子化領域 $B_\infty(\hat{x}_k, E_k)$ を N^n 個の等しい超立方体に分割したときに x_k が属する超立方体の中心とする。また

$$x_{k+1} - \hat{x}_{k+1} = A[x_k - q_k(x_k)] + w_k$$

なので

$$\|x_{k+1} - \hat{x}_{k+1}\|_\infty \le \frac{\|A\|_\infty E_k}{N} + \varepsilon$$

となる。したがって $\{E_k\}_{k\in\mathbb{Z}_+}$ を

$$E_{k+1} = \frac{\|A\|_\infty E_k}{N} + \varepsilon$$

と更新すればよい。

つぎに，$k \to \infty$ における x_k の振る舞いについて述べる。上の量子化制御を行った場合

$$\begin{aligned} x_{k+1} &= (A+BK)x_k - BK[x_k - q_k(x_k)] + w_k \\ &= (A+BK)^{k+1} x_0 - \sum_{\ell=0}^{k} (A+BK)^{k-\ell} \big[BK(x_\ell - q_\ell(x_\ell)) + w_\ell \big] \end{aligned}$$

が成り立つ。したがって

$$\begin{aligned} \|x_{k+1}\|_\infty &\le \|(A+BK)^{k+1}\|_\infty \|x_0\|_\infty \\ &\quad + \sum_{\ell=0}^{k} \|(A+BK)^{k-\ell}\|_\infty \big(\|BK\|_\infty \|x_\ell - q_\ell(x_\ell)\|_\infty + \varepsilon \big) \end{aligned}$$

となる。ここで，量子化レベル数 N が $N > \|A\|_\infty$ を満たしていて，かつ $A+BK$ がシュール安定であると仮定する。このとき，ある $\Omega \ge 1$ と $\gamma \in (\|A\|_\infty/N, 1)$ が存在して

$$\|(A+BK)^k\|_\infty \leq \Omega \gamma^k, \quad \forall k \in \mathbb{Z}_+$$

が成り立つ。また，任意の $k \in \mathbb{N}$ に対して

$$E_k = \left(\frac{\|A\|_\infty}{N}\right)^k E_0 + \varepsilon \sum_{\ell=0}^{k-1} \left(\frac{\|A\|_\infty}{N}\right)^\ell \leq \gamma^k E_0 + \frac{\varepsilon}{1-\gamma}$$

である。したがって

$$\sum_{\ell=0}^{k} \|(A+BK)^{k-\ell}\|_\infty \big(\|BK\|_\infty \|x_\ell - q_\ell(x_\ell)\|_\infty + \varepsilon\big)$$

$$\leq \Omega \sum_{\ell=0}^{k} \gamma^{k-\ell} \left[\frac{\|BK\|_\infty}{N}\left(\gamma^\ell E_0 + \frac{\varepsilon}{1-\gamma}\right) + \varepsilon\right]$$

$$\leq \varepsilon \Omega \left[\frac{\|BK\|_\infty}{(1-\gamma)N} + 1\right] \sum_{\ell=0}^{k} \gamma^\ell + \frac{\Omega \|BK\|_\infty E_0}{N}(k+1)\gamma^k$$

$$\to \frac{\varepsilon \Omega}{1-\gamma}\left[\frac{\|BK\|_\infty}{(1-\gamma)N} + 1\right], \quad (k \to \infty)$$

を得る。したがって

$$\limsup_{k\to\infty} \|x_k\|_\infty \leq \frac{\varepsilon \Omega}{1-\gamma}\left[\frac{\|BK\|_\infty}{(1-\gamma)N} + 1\right]$$

であることがわかる。

3章

【1】微分方程式

$$\frac{dx}{dt}(t) = Ax(t) + BKx(0)$$

の解 $x(t)$ とその初期値 $x(0)$ との差 $x(0) - x(t)$ を考える。もし，任意の $\varepsilon > 0$ に対して，ある $\delta > 0$ が存在して

$$\|x(0) - x(t)\| \leq \varepsilon \|x(0)\|, \quad \forall t \in [0, \delta]$$

ならば，問の条件を満たす $\tau_{\min} > 0$ が存在する。これはすでに定理 3.2 で示している（式 (3.15) 参照）ので省略する。

【2】初期状態 $x(0)$ が $x(0) = x_0 \neq 0$ であるとする。任意の $t \in [0, t_1)$ に対して

$$\frac{dx}{dt}(t) = Ax(t) + BKx_0 + w(t)$$

が成り立つ。そこで，外乱 $w(t)$ を

$$w(t) = -Ax(t) - BKx_0 - x_0, \quad \forall t \in [0, t_1)$$

とすると

$$\frac{dx}{dt}(t) = -x_0, \quad \forall t \in [0, t_1)$$

であるから，$x(t) = (1-t)x_0$ となり，$x(0) - x(t) = tx_0$ である。したがって，送信時刻 t_1 は

$$t_1 = \frac{\sigma}{\sigma+1} = 1 - \frac{1}{\sigma+1}$$

であることがわかる。また，$x(t_1) = (1-t_1)x_0$ に着目すると，任意の $t \in [t_1, t_2)$ に対して

$$\frac{dx}{dt}(t) = Ax(t) + (1-t_1)BKx_0 + w(t)$$

が成り立つ。したがって，外乱 $w(t)$ を

$$w(t) = -Ax(t) - (1-t_1)BKx_0 - x_0, \quad \forall t \in [t_1, t_2)$$

とすると，上記と同様に $x(t) = (1-t)x_0$ かつ $x(t_1) - x(t) = (t-t_1)x_0$ である。したがって，送信時刻 t_2 は

$$t_2 = \frac{\sigma + t_1}{\sigma+1} = 1 - \frac{1}{(\sigma+1)^2}$$

となる。このように外乱 $w(t)$ を構成することで，送信時刻 t_k が

$$t_k = 1 - \frac{1}{(\sigma+1)^k}$$

となり，その結果

$$\lim_{k \to \infty}(t_{k+1} - t_k) = 0$$

を得る。上の議論において，外乱 $w(t)$ は必ずしも $\sup_{t \geq 0}\|w(t)\| \leq \varepsilon$ を満たすものではなかったが，初期状態 x_0 が

$$\|x_0\| \leq \frac{\varepsilon}{1 + \|A\| + \|BK\|}$$

を満たすならば，$\sup_{t \geq 0}\|w(t)\| \leq \varepsilon$ となることも容易に確認できる。

【3】背理法で示す。時刻 t_1 が $t_1 > 0$ を満たすとする。また，初期状態 $x(0)$ が $x(0) = x_0 \in \ker(C) \setminus \ker(O)$ であるとする。まず，t_1 の定義より

$$\|y(0) - y(t)\| \leq \sigma \|y(t)\|, \quad \forall t \in [0, t_1)$$

が成り立つが，$x_0 \in \ker(C)$ より $y(0) = Cx_0 = 0$ かつ $\sigma < 1$ なので

$$y(t) = 0, \quad \forall t \in [0, t_1)$$

でなければならない。また，$Cx_0 = 0$ より

$$y(t) = Ce^{At}x_0 + C\int_0^t e^{A(t-s)} ds BKCx_0 = Ce^{At}x_0, \quad \forall t \in [0, t_1)$$

が成り立つ。したがって

$$\begin{aligned}
y(0) &= Cx_0 = 0 \\
\frac{dy}{dt}(0) &= CAx_0 = 0 \\
&\vdots \\
\frac{d^n y}{d^n t}(0) &= CA^{n-1}x_0 = 0
\end{aligned}$$

であるが，これは $x_0 \notin \ker(O)$ と矛盾する。したがって，$t_1 = 0$ である。

【4】記法の簡単化のため

$$F := A + BKC, \quad G := BK$$

$$e_k := y_{i_\ell} - y_k, \quad \forall k = i_\ell, \cdots, i_{\ell+1} - 1$$

とする。このとき，$x_{k+1} = Fx_k + Ge_k$ と書ける。リアプノフ不等式

$$F^\top P F - P \preceq -Q$$

を用いることで，二次形式 $V(x) := x^\top P x$ に関して以下が成り立つ。

$$\begin{aligned}
V(x_{k+1}) - V(x_k) &\leq -x_k^\top Q x_k + 2 x_k^\top F^\top P G e_k + e_k^\top G^\top P G e_k \\
&= -\begin{bmatrix} x_k \\ e_k \end{bmatrix}^\top \begin{bmatrix} Q & -F^\top P G \\ -(F^\top P G)^\top & -G^\top P G \end{bmatrix} \begin{bmatrix} x_k \\ e_k \end{bmatrix}
\end{aligned}$$

さらに，ある正の実数 $\gamma_0 > 0$ が存在して

$$\begin{bmatrix} Q - \kappa \sigma^2 C^\top \Omega C & -F^\top P G \\ -(F^\top P G)^\top & \kappa \Omega - G^\top P G \end{bmatrix} \succeq \gamma_0 I_{n+p}$$

が成り立つので

$$\begin{bmatrix} x_k \\ e_k \end{bmatrix}^\top \begin{bmatrix} Q & -F^\top PG \\ -(F^\top PG)^\top & -G^\top PG \end{bmatrix} \begin{bmatrix} x_k \\ e_k \end{bmatrix}$$
$$\geq \gamma_0 \left\| \begin{bmatrix} x_k \\ e_k \end{bmatrix} \right\|^2 + \kappa \begin{bmatrix} x_k \\ e_k \end{bmatrix}^\top \begin{bmatrix} \sigma^2 C^\top \Omega C & 0 \\ 0 & -\Omega \end{bmatrix} \begin{bmatrix} x_k \\ e_k \end{bmatrix}$$

となる.さらに,イベントトリガ条件より

$$\begin{bmatrix} x_k \\ e_k \end{bmatrix}^\top \begin{bmatrix} \sigma^2 C^\top \Omega C & 0 \\ 0 & -\Omega \end{bmatrix} \begin{bmatrix} x_k \\ e_k \end{bmatrix} \geq 0$$

であるから

$$V(x_{k+1}) - V(x_k) \leq -\gamma_0 \left\| \begin{bmatrix} x_k \\ e_k \end{bmatrix} \right\|^2 \leq -\gamma_0 \|x_k\|^2 \leq -\frac{\gamma_0}{\lambda_{\max}(P)} V(x_k)$$

を得る.したがって

$$\lambda_{\min}(P) \|x_{k+1}\|^2 \leq V(x_{k+1}) \leq \left(1 - \frac{\gamma_0}{\lambda_{\max}(P)}\right) V(x_k)$$
$$\leq \left(1 - \frac{\gamma_0}{\lambda_{\max}(P)}\right)^{k+1} V(x_0)$$

であり,$\lim_{k \to \infty} x_k = 0$ を得る.

【5】 行列 M_θ と N_θ の定義から

$$(\theta^2 - 1)(1 - \beta^2) \|e(t)\|^2 + e(t)^\top Q e(t)$$
$$\leq \left(1 - \frac{1}{\theta^2}\right)(1 - \beta^2) \|x(t_k)\|^2 + x(t_k)^\top Q x(t_k)$$

であるから

$$e(t)^\top Q e(t) \leq (1 - \beta^2) \left(\|x(t_k)\|^2 + \|e(t)\|^2\right) + x(t_k)^\top Q x(t_k)$$
$$- (1 - \beta^2) \left(\frac{1}{\theta^2} \|x(t_k)\|^2 + \theta^2 \|e(t)\|^2\right)$$

を得る.ここで

$$\left\| \frac{1}{\theta} x(t_k) + \theta e(t) \right\|^2 = \left(\frac{1}{\theta^2} \|x(t_k)\|^2 + \theta^2 \|e(t)\|^2\right) + 2 x(t_k)^\top e(t)$$

を用いる点を除けば,あとは系 3.1 の証明と同様である.

4章

【1】 ネットワーク G が連結であると仮定する。このとき,隣接行列 A は既約である。したがって,行列 $A-D=-L$ も既約である。Perron-Frobenius の定理† より,行列 $-L$ の最大実固有値 0 は単純である。したがって,式 (4.10) が成り立つので,マルチエージェントシステム (4.5) が指数的に平均合意する。

【2】 集合 $\mathcal{X}=\{x\in\mathbb{R}^n \mid \|x\|=1,\ \mathbf{1}^\top x=1\}$ を定義する。式 (4.18) より,ある関数 $c\colon \mathbb{R}^n \to \mathbb{R}^m$ が存在し

$$\lambda_2(L_w)=\min_{x\in\mathcal{X}} c(x)^\top w$$

が成り立つ。任意に $w_1,w_2\in\mathcal{W}$ と $\alpha\in[0,1]$ を取る。このとき

$$\begin{aligned}
\lambda_2(L_{\alpha w_1+(1-\alpha)w_2}) &= \min_{x\in\mathcal{X}} c(x)^\top (\alpha w_1+(1-\alpha)w_2) \\
&= \min_{x\in\mathcal{X}}\left(\alpha c(x)^\top w_1+(1-\alpha)c(x)^\top w_2\right) \\
&\geqq \min_{x\in\mathcal{X}}\left(\alpha \min_{x\in\mathcal{X}} c(x)^\top w_1+(1-\alpha)\min_{x\in\mathcal{X}} c(x)^\top w_2\right) \\
&= \min_{x\in\mathcal{X}}(\alpha\lambda_2(L_{w_1})+(1-\alpha)\lambda_2(L_{w_2})) \\
&= \alpha\lambda_2(L_{w_1})+(1-\alpha)\lambda_2(L_{w_2})
\end{aligned}$$

が成り立つ。したがって,関数 (4.17) は凹である。

【3】 定理 4.4 の証明中の (2)⇒(1) を示せばよい。条件 (2) が成り立つと仮定する。任意に $x\in\mathbb{R}^n$ を取り,$x\perp\mathbf{1}$ かつ $\|x\|=1$ であると仮定する。このとき,条件 (2) より

$$x^\top L_w x \geqq \gamma\|x\|^2-\frac{(\mathbf{1}^\top x)^2}{n}=\gamma$$

が成り立つ。したがって,補題 4.1 より

$$\lambda_2(L_w)=\min_{x\in\mathcal{X}} x^\top L_w x \geqq \min_{x\in\mathcal{X}}\gamma=\gamma$$

が確かに成立する。

【4】 確率微分方程式 (4.68) の両辺の期待値を取ると

$$\frac{d}{dt}E[a_{ij}x_i]=-\phi_i E[a_{ij}x_i]-\phi_j E[a_{ij}x_ix_j]+\psi_{ij}E[(1-a_{ij})x_i]$$

---

† R. A. Horn, and C. R. Johnson : Matrix Analysis, Cambridge University Press (1990)

$$-\delta_i E[a_{ij}x_i] + \sum_{k\in\mathcal{N}_i(0)} \beta_i E[a_{ij}(1-x_i)a_{ik}x_k]$$

$$= -\phi_i q_{ij} - \psi_{ij}(p_i - q_{ij}) - \delta_i q_{ij}$$

$$+ \sum_{k\in\mathcal{N}_i(0)} \beta_i E[a_{ij}a_{ik}x_k] - \sum_{k\in\mathcal{N}_i(0)} \beta_i E[a_{ij}x_i a_{ik}x_k]$$

を得る。この微分方程式に

$$\sum_{k\in\mathcal{N}_i(0)} \beta_i E[a_{ij}a_{ik}x_k] = \sum_{k\in\mathcal{N}_i(0)} \beta_i E[a_{ik}x_k] - \sum_{k\in\mathcal{N}_i(0)} \beta_i E[(1-a_{ij})a_{ik}x_k]$$

$$= \beta_i \sum_{k\in\mathcal{N}_i(0)} q_{ki} - \sum_{k\in\mathcal{N}_i(0)} \beta_i E[(1-a_{ij})a_{ik}x_k]$$

を代入すると，微分方程式 (4.69) が得られる。

索　　引

【あ】
アクチュエータ　　1
安定化　　3

【い】
一様量子化　　17
一般化幾何計画問題　　134
一般化正多項式　　134
イベントトリガ条件　　61
イベントトリガ制御　　59
インダストリー 4.0　　8

【え】
エージェント　　113
枝（グラフの）　　110
エンコーダ　　17

【お】
オブザーバ　　25, 80, 86, 91

【か】
回分式反応炉　　85
外　乱　　72, 96
カッツ中心性　　132
空手ネットワーク　　110
感染率　　138

【き】
幾何計画問題　　133
幾何合意　　114
技術アシスタンス　　9
近接中心性　　130

【く】
組合せ最適化　　135
組込みシステム　　2
クラウドコンピューティング　　8
グラフ　　112

【け】
減衰率　　139

【こ】
合　意　　113
合意制御　　6
合意問題　　116
コグニティブコンピューティング　　8
コネクテッドインダストリー　　8
固有ベクトル中心性　　131

【さ】
再接続率　　150
最速合意問題　　124
最適レギュレータ　　45, 86
サイバーフィジカルシステム　　2
座標変換行列　　27
サンプリング　　5

【し】
資源配分問題　　140
時刻同期　　116
次数中心性　　129

指数的に合意　　114
次世代送電網　　10
シュール安定　　25
状態推定値　　26
情報の透過性　　9

【す】
ズーミングアウト　　46
ズーミングイン　　47
スマートグリッド　　10
スマートコミュニティ　　10
スマートメータ　　10

【せ】
正多項式　　133
切断率　　150
セルフトリガ制御　　95
遷移確率行列　　140
漸近安定　　23
線形行列不等式　　69
センサ　　1

【そ】
相互接続性　　9

【た】
対数量子化　　39
第 4 次産業革命　　8
単項式　　133

【ち】
遅　延　　4
中心性　　129
治癒率　　138

超スマート社会	12	ピークシフト	11	【む】	
頂点（グラフの）	110	ビッグデータ	2	無向グラフ	112
		ビット毎秒	5	無向ネットワーク	112
【て】		ビットレート制約	5		
定常カルマンフィルタ	86	被覆制御	6	【め】	
データレート	17	標本化	5	メツラー行列	132, 142
データレート制約	4, 5				
適応的な SIS モデル	148	【ふ】		【ら】	
デコーダ	17	フィードバックシステム	2	ラプラシアン	112
デマンドコントロール	11	フィードバックループ	2		
伝　播	137	複雑ネットワーク	110	【り】	
伝播制御	6, 7	輻　輳	5	リアプノフ関数	36
テンポラルネットワーク	148	符号化	17	リアプノフ不等式	69, 90
		プロトコル	117	リアプノフ方程式	62
【と】		分散意思決定	9	離散化	5
透過性（情報の）	9	分散最適化	6, 7	リーダフォロア合意	114
動的なコントローラ	80			リッカチ方程式	43, 97, 105
凸最適化問題	125	【へ】		量子化	5, 14, 17
		平均合意	114	──の粗さ	37
【ね】		ページランク	129	量子化器	26
熱システム	115	辺（グラフの）	110	量子化誤差	14
ネットワーク	110			量子化セル	17
ネットワーク化制御	3	【ほ】		量子化中心	27
		ポアソンカウンタ	141	量子化領域	17
【は】		歩道（グラフの）	112	隣接行列	112
媒介中心性	130				
パケットロス	4, 5, 53	【ま】		【れ】	
パケットロス率	5	マイクログリッド	10	連結（グラフの）	112
		マルコフ過程	140		
【ひ】		マルチエージェント			
ピークカット	11	システム	6, 113		

【D】		【L】		【S】	
DoS 攻撃	53	L^2 安定性	96	SDGs	12
		L^2 ゲイン	97	SIR モデル	138
【I】		L^2 ノルム	97	SIS モデル	138
IoT（Internet of Things）	2			Society 5.0	12
IoT デバイス	2	【R】		S-procedure	69
		RC 回路	115		

―――― 編著者・著者略歴 ――――

永原　正章（ながはら　まさあき）
愛媛県生まれ。2003 年，京都大学大学院情報学研究科博士課程修了。博士（情報学）。京都大学助手，助教，講師を経て，2016 年より北九州市立大学環境技術研究所教授。また，同年よりインド工科大学ムンバイ校（IIT Bombay）の客員教授を兼任。現在に至る。専門は自動制御と人工知能。IEEE 制御部門より国際賞である Transition to Practice Award（2012 年）および George S. Axelby Outstanding Paper Award（2018 年）を受賞。そのほか，計測自動制御学会や電子情報通信学会の論文賞など，受賞多数。IEEE の上級会員（Senior Member）。著書に「スパースモデリング」（コロナ社），「マルチエージェントシステムの制御」（コロナ社，共著）などがある。

岡野　訓尚（おかの　くにひさ）
2013 年，東京工業大学大学院総合理工学研究科博士後期課程修了。博士（工学）。日本学術振興会特別研究員，カリフォルニア大学サンタバーバラ校客員研究員，東京理科大学工学部嘱託助教を経て，2016 年より岡山大学大学院自然科学研究科助教。現在に至る。ネットワーク化制御系，センサネットワーク，通信を含む動的システムに興味を持ち研究を行っている。

小蔵　正輝（おぐら　まさき）
2014 年，テキサス工科大学博士課程修了。Ph.D.（Mathematics）。ペンシルベニア大学博士研究員を経て，2017 年より奈良先端科学技術大学院大学情報科学研究科（2018 年より先端科学技術研究科）助教。現在に至る。専門分野はネットワーク科学，動的システム，およびそれらの最適化。2012 年計測自動制御学会論文賞。2019 年 IEEE Transactions on Network Science and Engineering の準優秀論文賞。

若生　将史（わかいき　まさし）
2014 年，京都大学大学院情報学研究科博士後期課程修了。博士（情報学）。カリフォルニア大学サンタバーバラ校客員研究員，千葉大学大学院工学研究科特任助教を経て，2017 年より神戸大学大学院システム情報学研究科講師。現在に至る。無限次元システムや通信ネットワークを介したシステムの制御理論に関する研究に従事。

ネットワーク化制御
Networked Control
　　ⓒ Masaaki Nagahara, Kunihisa Okano, Masaki Ogura, Masashi Wakaiki 2019

2019 年 8 月 5 日　初版第 1 刷発行　　　　　　　　　　　　　　　　　★

検印省略	編 著 者	永　原　正　章
	著　　者	岡　野　訓　尚
		小　蔵　正　輝
		若　生　将　史
	発 行 者	株式会社　コロナ社
	代 表 者	牛来真也
	印 刷 所	三美印刷株式会社
	製 本 所	有限会社　愛千製本所

112–0011　東京都文京区千石 4–46–10
発行所　株式会社　コロナ社
CORONA PUBLISHING CO., LTD.
Tokyo Japan
振替 00140-8-14844・電話(03)3941-3131(代)
ホームページ　http://www.coronasha.co.jp

ISBN 978–4–339–03227–7　　C3053　　Printed in Japan　　　　　　（中原）

　　　　〈出版者著作権管理機構 委託出版物〉
本書の無断複製は著作権法上での例外を除き禁じられています。複製される場合は，そのつど事前に，
出版者著作権管理機構（電話 03-5244-5088，FAX 03-5244-5089，e-mail: info@jcopy.or.jp）の許諾を
得てください。

本書のコピー，スキャン，デジタル化等の無断複製・転載は著作権法上での例外を除き禁じられています。
購入者以外の第三者による本書の電子データ化及び電子書籍化は，いかなる場合も認めていません。
落丁・乱丁はお取替えいたします。

システム制御工学シリーズ

（各巻A5判，欠番は品切です）

■編集委員長　池田雅夫
■編集委員　足立修一・梶原宏之・杉江俊治・藤田政之

配本順		タイトル	著者	頁	本体
2.	(1回)	信号とダイナミカルシステム	足立修一著	216	2800円
3.	(3回)	フィードバック制御入門	杉江俊治・藤田政之共著	236	3000円
4.	(6回)	線形システム制御入門	梶原宏之著	200	2500円
6.	(17回)	システム制御工学演習	杉江俊治・梶原宏之共著	272	3400円
7.	(7回)	システム制御のための数学(1) ―線形代数編―	太田快人著	266	3200円
8.		システム制御のための数学(2) ―関数解析編―	太田快人著		
9.	(12回)	多変数システム制御	池田雅夫・藤崎泰正共著	188	2400円
10.	(22回)	適応制御	宮里義彦著	248	3400円
11.	(21回)	実践ロバスト制御	平田光男著	228	3100円
13.	(5回)	スペースクラフトの制御	木田隆著	192	2400円
14.	(9回)	プロセス制御システム	大嶋正裕著	206	2600円
17.	(13回)	システム動力学と振動制御	野波健蔵著	208	2800円
18.	(14回)	非線形最適制御入門	大塚敏之著	232	3000円
19.	(15回)	線形システム解析	汐月哲夫著	240	3000円
20.	(16回)	ハイブリッドシステムの制御	井村順一・東俊一・増淵泉共著	238	3000円
21.	(18回)	システム制御のための最適化理論	延瀬昇・山部英沢共著	272	3400円
22.	(19回)	マルチエージェントシステムの制御	東俊一・永原正章編著	232	3000円
23.	(20回)	行列不等式アプローチによる制御系設計	小原敦美著	264	3500円

定価は本体価格+税です。
定価は変更されることがありますのでご了承下さい。

◆図書目録進呈◆

計測・制御テクノロジーシリーズ

(各巻A5判,欠番は品切または未発行です)

■計測自動制御学会 編

	配本順			頁	本体
1.	(9回)	計測技術の基礎	山﨑 弘郎／田中 充 共著	254	3600円
2.	(8回)	センシングのための情報と数理	出口 光一郎／本多 敏 共著	172	2400円
3.	(11回)	センサの基本と実用回路	中沢 信明／松井 利一／山田 功 共著	192	2800円
4.	(17回)	計測のための統計	寺本 顕広／椿 武計 共著	288	3900円
5.	(5回)	産業応用計測技術	黒森 健一 他著	216	2900円
6.	(16回)	量子力学的手法による システムと制御	伊丹・松井／乾・全 共著	256	3400円
7.	(13回)	フィードバック制御	荒木 光彦／細江 繁幸 共著	200	2800円
9.	(15回)	システム同定	和田 大／田中・奥松 共著	264	3600円
11.	(4回)	プロセス制御	髙津 春雄 編著	232	3200円
13.	(6回)	ビークル	金井 喜美雄 他著	230	3200円
15.	(7回)	信号処理入門	小浜 文／浜田 秀望／畑村 安孝 共著	250	3400円
16.	(12回)	知識基盤社会のための 人工知能入門	國藤 進／中田 豊久／羽山 徹彩 共著	238	3000円
17.	(2回)	システム工学	中森 義輝 著	238	3200円
19.	(3回)	システム制御のための数学	田村 捷利／武藤 康彦／笹川 徹史 共著	220	3000円
20.	(10回)	情報数学 —組合せと整数および アルゴリズム解析の数学—	浅野 孝夫 著	252	3300円
21.	(14回)	生体システム工学の基礎	福岡 豊／内山 孝憲／野村 泰伸 共著	252	3200円

定価は本体価格+税です。
定価は変更されることがありますのでご了承下さい。

図書目録進呈◆

情報ネットワーク科学シリーズ

(各巻A5判)

コロナ社創立90周年記念出版 〔創立1927年〕

- ■電子情報通信学会 監修
- ■編集委員長　村田正幸
- ■編　集　委　員　会田雅樹・成瀬　誠・長谷川幹雄

本シリーズは，従来の情報ネットワーク分野における学術基盤では取り扱うことが困難な諸問題，すなわち，大量で多様な端末の収容，ネットワークの大規模化・多様化・複雑化・モバイル化・仮想化，省エネルギーに代表される環境調和性能を含めた物理世界とネットワーク世界の調和，安全性・信頼性の確保などの問題を克服し，今後の情報ネットワークのますますの発展を支えるための学術基盤としての「情報ネットワーク科学」の体系化を目指すものである．

シリーズ構成

配本順		著者	頁	本体
1.(1回)	情報ネットワーク科学入門	村田正幸 成瀬　誠 編著	230	3000円
2.(4回)	情報ネットワークの数理と最適化 ―性能や信頼性を高めるためのデータ構造とアルゴリズム―	巳波弘佳 井上　武 共著	200	2600円
3.(2回)	情報ネットワークの分散制御と階層構造	会田雅樹 著	230	3000円
4.(5回)	ネットワーク・カオス ―非線形ダイナミクス，複雑系と情報ネットワーク―	中尾裕也 長谷川幹雄 合原一幸 共著	262	3400円
5.(3回)	生命のしくみに学ぶ 情報ネットワーク設計・制御	若宮直紀 荒川伸一 共著	166	2200円

定価は本体価格+税です。
定価は変更されることがありますのでご了承下さい。

図書目録進呈◆

シリーズ 情報科学における確率モデル

(各巻A5判)

- ■編集委員長　土肥　正
- ■編集委員　　栗田多喜夫・岡村寛之

配本順		書名	著者	頁	本体
1	(1回)	統計的パターン認識と判別分析	栗田多喜夫・日高章理 共著	236	3400円
2	(2回)	ボルツマンマシン	恐神貴行 著	220	3200円
3	(3回)	捜索理論における確率モデル	宝崎隆祐・飯田耕司 共著	296	4200円
4	(4回)	マルコフ決定過程 —理論とアルゴリズム—	中出康一 著	202	2900円
5	(5回)	エントロピーの幾何学	田中　勝 著	206	3000円
6	(6回)	確率システムにおける制御理論	向谷博明 著	270	3900円
7		システム信頼性の数理	大鑄史男 著	近刊	
		マルコフ連鎖と計算アルゴリズム	岡村寛之 著		
		確率モデルによる性能評価	笠原正治 著		
		ソフトウェア信頼性のための統計モデリング	土肥　正・岡村寛之 共著		
		ファジィ確率モデル	片桐英樹 著		
		高次元データの科学	酒井智弥 著		
		リーマン後の金融工学	木島正明 著		

定価は本体価格+税です。
定価は変更されることがありますのでご了承下さい。

図書目録進呈◆